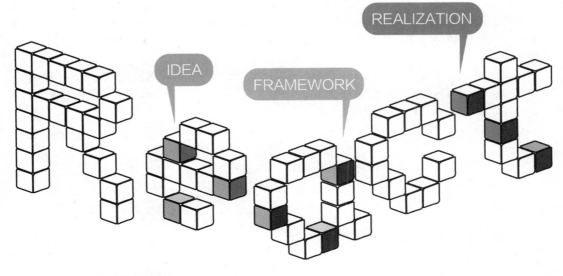

React 设计原理

卡颂 编著

电子工业出版社
Publishing House of Electronics Industry
北京·BEIJING

内 容 简 介

本书致力于剖析 React 设计理念与实现原理，基于 React 18 源码讲解。全书分为 3 篇，第 1 篇为理念篇（第 1 章～第 2 章），讲解 React 在主流前端框架中的定位与设计理念；第 2 篇为架构篇（第 3 章～第 5 章），讲解 React 架构中的 3 个阶段——render、commit、schedule，以及如何在架构中践行设计理念；第 3 篇为实现篇（第 6 章～第 8 章），贯穿 React 架构中的 3 个阶段，讲解具体 API 的实现细节。

本书的目标读者包括有实际 React 项目经验并希望更深入理解 React 的开发人员，以及没有使用过 React 但对前端框架设计感兴趣的开发人员。通过学习本书，读者可以对当前主流前端框架的实现原理有清晰的认识，并对 React 从理念到实现层面有更深入的理解。

未经许可，不得以任何方式复制或抄袭本书之部分或全部内容。
版权所有，侵权必究。

图书在版编目（CIP）数据

React 设计原理 / 卡颂编著．—北京：电子工业出版社，2022.12
ISBN 978-7-121-44483-8

Ⅰ．①R… Ⅱ．①卡… Ⅲ．①移动终端－应用程序－程序设计 Ⅳ．①TN929.53

中国版本图书馆 CIP 数据核字（2022）第 208348 号

责任编辑：黄爱萍　　　特约编辑：田学清
印　　刷：三河市君旺印务有限公司
装　　订：三河市君旺印务有限公司
出版发行：电子工业出版社
　　　　　北京市海淀区万寿路 173 信箱　　邮编：100036
开　　本：787×980　　1/16　　印张：22.75　　字数：473.2 千字
版　　次：2022 年 12 月第 1 版
印　　次：2022 年 12 月第 1 次印刷
定　　价：109.00 元

凡所购买电子工业出版社图书有缺损问题，请向购买书店调换。若书店售缺，请与本社发行部联系，联系及邮购电话：（010）88254888，88258888。
质量投诉请发邮件至 zlts@phei.com.cn，盗版侵权举报请发邮件至 dbqq@phei.com.cn。
本书咨询联系方式：（010）51260888-819，faq@phei.com.cn。

前　言

本书特点

本书致力于剖析 React 设计理念与实现原理，基于 React 18 源码讲解。通过本书的学习，读者可以对当前主流前端框架的实现原理有清晰的认识，并对 React 从理念到实现层面有比较深入的理解。

不管是代码量还是运行时的复杂程度，React 在前端开源库中都是名列前茅的。为了防止读者陷入源码的汪洋大海，本书会努力践行"知识屏蔽"（在教学过程中只关注当前学习的知识，屏蔽超纲知识对读者的干扰的原则），力争每一章内容都能够帮助读者撬动 React 版图的一角，使读者学完全书后全面认识 React。这也是第 6 章才讲解用于初始化应用的 API（ReactDOM.createRoot）的原因，其基础是完整的 React 首屏渲染流程，因此本书用前面 5 章的篇幅介绍流程中的基础知识，再用第 6 章内容串联这些知识。

从宏观上讲，本书遵循"自顶向下"的行文模式，以一种符合认知的逻辑递进顺序从"设计理念""架构设计""具体实现"3 个层次讲解 React 的相关知识。基于此，全书可分为 3 篇：

- 第 1 章～第 2 章为理念篇，讲解 React 在主流前端框架中的定位与设计理念。
- 第 3 章～第 5 章为架构篇，讲解 React 架构中的 3 个阶段——render、commit、schedule，以及如何在架构中践行设计理念。

- 第 6 章~第 8 章为实现篇，贯穿 React 架构中的 3 个阶段，讲解具体 API 的实现细节。

从微观上讲，React 是由多个模块组成的 monorepo（一种代码仓库的管理方式，在单个代码仓库中管理多个项目），每个模块将承担工作流程中特定的职责。

本书精心设计了 7 个编程项目，帮助读者动手实现与前端框架相关的重要模块，包括 6 个模块的迷你实现：

- 实现细粒度更新
- 实现 ReactDOM Renderer
- 实现 schedule 阶级
- 实现事件系统
- 实现 Diff 算法
- 实现 useState

还包括 1 个课程设计：

- 在 React 源码中实现一个新的原生 Hook

本书配套了一个源码调试项目和众多的在线示例，有兴趣深入学习 React 源码的读者可以自行探索。

希望本书为读者带来愉快的学习体验。

辅助资料

本书的所有代码示例都可以在微信公众号"魔术师卡颂"后台回复"设计原理"获取，而以下示例仅为演示执行效果，所以仅提供在线阅读：示例 2-1、示例 2-5、示例 3-1、示例 4-1、示例 4-3 和示例 8-9。

读者交流

由于笔者水平有限，书中难免有疏漏，恳请广大读者批评指正。如果读者在阅读过程中发现错误，或者想加入本书的交流群与笔者及其他读者交流讨论，请在微信公众号"魔术师卡颂"后台回复"设计原理"。

致谢

本书的诞生，要感谢很多人。以下致谢不分先后，按照时间线推进的顺序表达。

首先要感谢几位对我职业发展帮助很大的前辈。第一位是我的好兄弟公子，从他身上我看到了对编程纯粹的热爱。接下来要感谢我在360奇舞团任职期间的领导——成银与月影，他们维护的浓郁技术氛围，引导我走上了"知识输出"的道路。

感谢微信公众号"魔术师卡颂"的读者，有你们的关注与支持，我才有动力持续输出"前端框架"这一领域的知识，并最终凝结成本书。

此外，我还要感谢出版社的黄爱萍老师全程热心细致的工作，让我能有信心完成本书的编写。

最后，感谢我的女朋友李贝贝，谢谢你在我全职写作期间的支持与包容。码字会让人感到枯燥，但与你共度的四季不会。

卡颂

2022年6月20日

目 录

第 1 篇 理念篇

第 1 章 前端框架原理概览 ... 2
1.1 初识前端框架 ... 3
1.1.1 如何描述 UI ... 3
1.1.2 如何组织 UI 与逻辑 ... 8
1.1.3 如何在组件之间传输数据 ... 12
1.1.4 前端框架的分类依据 ... 14
1.1.5 React 中的自变量与因变量 ... 18
1.2 前端框架使用的技术 ... 20
1.2.1 编程：细粒度更新 ... 20
1.2.2 AOT ... 29
1.2.3 Virtual DOM ... 32
1.3 前端框架的实现原理 ... 35
1.3.1 Svelte ... 35
1.3.2 Vue3 ... 43
1.3.3 React ... 46
1.4 总结 ... 48

第 2 章 React 理念 ... 49
2.1 问题与解决思路 ... 49

- 2.1.1 事件循环 ·············· 50
- 2.1.2 浏览器渲染 ·············· 53
- 2.1.3 CPU 瓶颈 ·············· 55
- 2.1.4 I/O 瓶颈 ·············· 56
- 2.2 底层架构的演进 ·············· 57
  - 2.2.1 新旧架构介绍 ·············· 58
  - 2.2.2 主打特性的迭代 ·············· 60
  - 2.2.3 渐进升级策略的迭代 ·············· 61
- 2.3 Fiber 架构 ·············· 65
  - 2.3.1 FiberNode 的含义 ·············· 65
  - 2.3.2 双缓存机制 ·············· 68
  - 2.3.3 mount 时 Fiber Tree 的构建 ·············· 69
  - 2.3.4 update 时 Fiber Tree 的构建 ·············· 71
- 2.4 调试 React 源码 ·············· 72
  - 2.4.1 仓库结构概览 ·············· 73
  - 2.4.2 以本书推荐方式调试源码 ·············· 74
  - 2.4.3 以官方方式调试源码 ·············· 75
- 2.5 总结 ·············· 77

第 2 篇 架构篇

第 3 章 render 阶段 ·············· 80

- 3.1 流程概览 ·············· 81
- 3.2 beginWork ·············· 83
- 3.3 React 中的位运算 ·············· 87
  - 3.3.1 基本的三种位运算 ·············· 88
  - 3.3.2 位运算在"标记状态"中的应用 ·············· 89
- 3.4 completeWork ·············· 90
  - 3.4.1 flags 冒泡 ·············· 91
  - 3.4.2 mount 概览 ·············· 91
  - 3.4.3 update 概览 ·············· 96
- 3.5 编程：ReactDOM Renderer ·············· 98

3.6　总结 ·· 104

第4章　commit 阶段 ·· 105

4.1　流程概览 ··· 106
4.1.1　子阶段的执行流程 ·· 108
4.1.2　Effects list ·· 111

4.2　错误处理 ··· 113
4.2.1　捕获错误 ··· 115
4.2.2　构造 callback ·· 116
4.2.3　执行 callback ·· 118

4.3　BeforeMutation 阶段 ··· 119

4.4　Mutation 阶段 ··· 120
4.4.1　删除 DOM 元素 ·· 120
4.4.2　插入、移动 DOM 元素 ·· 122
4.4.3　更新 DOM 元素 ·· 125
4.4.4　Fiber Tree 切换 ·· 127

4.5　Layout 阶段 ·· 127

4.6　总结 ··· 129

第5章　schedule 阶段 ··· 130

5.1　编程：简易 schedule 阶段实现 ·· 131
5.1.1　Scheduler 简介 ·· 133
5.1.2　改造后的 schedule 方法 ·· 134
5.1.3　改造后的 perform 方法 ··· 137
5.1.4　改造后的完整流程 ··· 140

5.2　Scheduler 的实现 ··· 148
5.2.1　流程概览 ··· 149
5.2.2　优先级队列的实现 ··· 151
5.2.3　宏任务的选择 ··· 152

5.3　lane 模型 ··· 154
5.3.1　React 与 Scheduler 的结合 ·· 155
5.3.2　基于 expirationTime 的算法 ·· 159

            5.3.3　基于 lane 的算法 ··· 163
    5.4　lane 模型在 React 中的应用 ··· 166
            5.4.1　初始化 lane ·· 168
            5.4.2　从 fiberNode 到 FiberRootNode ······························ 171
            5.4.3　调度 FiberRootNode ·· 173
            5.4.4　调度策略 ·· 175
            5.4.5　解决饥饿问题 ·· 178
            5.4.6　root.pendingLanes 工作流程 ·································· 182
    5.5　Batched Updates ··· 186
            5.5.1　Batched Updates 发展史 ······································· 187
            5.5.2　不同框架 Batched Updates 的区别 ························· 189
    5.6　总结 ·· 190

第 3 篇　实现篇

第 6 章　状态更新流程 ··· 192
    6.1　编程：简易事件系统实现 ·· 193
            6.1.1　实现 SyntheticEvent ·· 195
            6.1.2　实现事件传播机制 ··· 196
            6.1.3　收集路径中的事件回调函数 ································· 197
            6.1.4　捕获、冒泡阶段的实现 ······································· 198
    6.2　Update ··· 201
            6.2.1　心智模型 ·· 201
            6.2.2　数据结构 ·· 202
            6.2.3　updateQueue ·· 206
            6.2.4　产生 update ··· 207
            6.2.5　消费 update 需要考虑的问题 ································· 211
            6.2.6　消费 update ··· 214
    6.3　ReactDOM.createRoot 流程 ··· 219
    6.4　useState 流程 ··· 220
    6.5　性能优化 ·· 222
            6.5.1　eagerState 策略 ·· 223

	6.5.2 bailout 策略	227
	6.5.3 bailout 策略的示例	233
	6.5.4 bailout 与 Context API	235
	6.5.5 对日常开发的启示	239
6.6	总结	243

第 7 章 reconcile 流程 — 244

7.1	单节点 Diff	247
7.2	多节点 Diff	251
	7.2.1 设计思路	254
	7.2.2 算法实现	255
7.3	编程：实现 Diff 算法	261
	7.3.1 遍历前的准备工作	264
	7.3.2 核心遍历逻辑	265
	7.3.3 遍历后的收尾工作	267
7.4	总结	269

第 8 章 FC 与 Hooks 实现 — 270

8.1	心智模型	271
	8.1.1 代数效应	271
	8.1.2 FC 与 Suspense	273
	8.1.3 Suspense 工作流程	279
8.2	编程：简易 useState 实现	284
	8.2.1 实现"产生更新的流程"	284
	8.2.2 实现 useState	288
	8.2.3 简易实现的不足	293
8.3	Hooks 流程概览	294
	8.3.1 dispatcher	294
	8.3.2 Hooks 的数据结构	296
	8.3.3 Hooks 执行流程	297
8.4	useState 与 useReducer	299
8.5	effect 相关 Hook	302

- 8.5.1 数据结构 …… 303
- 8.5.2 声明阶段 …… 304
- 8.5.3 调度阶段 …… 306
- 8.5.4 执行阶段 …… 308

8.6 useMemo 与 useCallback …… 309
- 8.6.1 mount 时执行流程 …… 309
- 8.6.2 update 时执行流程 …… 310
- 8.6.3 useMemo 的妙用 …… 311

8.7 useRef …… 312
- 8.7.1 实现原理 …… 313
- 8.7.2 ref 的工作流程 …… 314
- 8.7.3 ref 的失控 …… 317
- 8.7.4 ref 失控的防治 …… 318

8.8 useTransition …… 321
- 8.8.1 useTransition 实现原理 …… 322
- 8.8.2 useTransition 工作流程 …… 324
- 8.8.3 entangle 机制 …… 326
- 8.8.4 entangle 实现原理 …… 327
- 8.8.5 entangle 工作流程 …… 328

8.9 useDeferredValue …… 333

8.10 编程：实现 useErrorBoundary …… 336
- 8.10.1 定义 dispatcher …… 338
- 8.10.2 实现逻辑 …… 339
- 8.10.3 提取公共方法 …… 342
- 8.10.4 render 阶段错误处理流程 …… 343
- 8.10.5 commit 阶段错误处理流程 …… 349

8.11 总结 …… 351

第 1 篇

理念篇

❖ 第 1 章　前端框架原理概览
❖ 第 2 章　React 理念

第 1 章

前端框架原理概览

本书主要讨论 React，首先来为讨论划定边界，请思考以下两个问题：

（1）React 是库（library）还是框架（framework）？

（2）Vue 号称是"构建用户界面的渐进式框架"，怎样理解"渐进式"？

不管是 React 还是 Vue，它们的核心都是"构建 UI 的库"，由以下两部分组成：

（1）基于状态的声明式渲染；

（2）组件化的层次架构。

随着应用复杂度的提升，状态管理的难度相应提升，因此需要额外的状态管理方案来应对，比如 React 中的 Redux，Vue 中的 Pinia、Vuex 等。

当应用进一步扩展，从简单的页面升级为 SPA（Single Page Application，单页应用）时，需要增加客户端路由方案，比如 React 中的 React-Router，Vue 中的 Vue-Router 等。

为了提高客户端首屏页面渲染速度、满足 SEO（Search Engine Optimization，搜索引擎优化）的需要，需要使用 SSR（Server Side Render，服务端渲染）。

除了上面提到的功能外，还有许多功能是 React 与 Vue 本身不包含的，比如构建支持、数据流方案、文档工具等。React 与 Vue 本身仅仅是库，而不是框架，我们可以称"包含库本身以及附加功能"的解决方案为框架，例如：

- UmiJS 是一款基于 React，内置路由、构建、部署等功能的前端框架；

- Next.js 是一款基于 React，支持 SSR、SSG（Static Site Generation，静态页面构建）的服务端框架；
- AngularJS 是一款内置多种功能的前端框架。

Vue 的"渐进式"是指"可以按照需求渐进地引入附加功能"，而不是像 AngularJS 一样开箱即用。

本书的讨论范围是 React 作为"构建 UI 的库"本身，并不包括上层的附加功能。但是，当我们要概括 React、Vue、AngularJS、Svelte 等库或框架的特性时，会统称它们为"前端框架"。读者需要了解 React 本身仅仅是库，而不是框架，称其为框架是一种约定俗成的说法。

1.1 初识前端框架

下面的公式几乎可以概括所有现代前端框架的实现原理：

$$UI = f(state)$$

其中：

- state 代表"当前视图状态"；
- f 代表"框架内部运行机制"；
- UI 代表"宿主环境的视图"。

这个公式会贯穿全书的学习，即"框架内部运行机制根据当前状态渲染视图"。本章将以此公式为线索拆解主流前端框架，分析它们的技术特点与实现原理，目的是"定义一个前端框架分类标准"。接下来我们会使用该标准为主流框架分类，方便读者在深入学习 React 前对 React 在众多前端框架中的定位有初步的了解。

1.1.1 如何描述 UI

前端领域经过长期发展，逐渐形成以下两种主流的"描述 UI 的方案"：

- JSX

- 模板语言

下面从这两种方案的起源开始介绍它们的区别。

JSX 是 Meta（原 Facebook）提出的一种"类 XML 语法"的 ECMAScript（后文简称为 ES）语法糖（指某种对语言功能没有影响，但是方便开发者使用的语法，通常可以增加程序可读性），例如下面的变量声明语句：

```
const element = <h1>Hello, world!</h1>;
```

该语句经由编译工具（通常是 babel）编译后成为：

```
// React v17 之前
var element = React.createElement("h1", null, "Hello, world!");
// React v17 之后
var _jsxRuntime = require("react/jsx-runtime");
var element = jsxRuntime.jsx("h1", {children: "Hello, world!"});
```

在框架的运行时，React.createElement（React v17 之前）或 jsxRuntime.jsx（React v17 之后）执行后会得到如下数据结构，公式 UI=f(state)中的 f 会以该数据结构作为渲染 UI 的依据：

```
{
    "type": "h1",
    "key": null,
    "ref": null,
    "props": {
        "children": "Hello, world!"
    },
    "_owner": null,
    "_store": {}
}
```

React 团队认为"UI 本质上与逻辑存在耦合的部分"，例如，开发者可以：

- 在 UI 上绑定事件；
- 在状态变化后改变 UI 的样式或结构。

由于前端工程师使用 ES 编写逻辑，因此如果同样使用 ES 描述 UI，即可使 UI 与逻辑配合更密切。至于最终方案设计为"类 XML 的 ES 语法糖"，则是因为前端工程师更熟悉 HTML。由于 JSX 是 ES 的语法糖，因此它能够灵活地与其他 ES 语法组合使用，例如：

- 可以在 if 语句和 for 循环代码块中使用 JSX；
- 可以将 JSX 赋值给变量；
- 可以把 JSX 当作参数传入，以及从函数中返回 JSX。

下面的代码在 JSX 中使用了 if 语句：

```
function App({ isLoading }) {
  // 在 if 语句中使用 JSX
  if (isLoading) {
    return <h1>loading...</h1>;
  }
  return <h1>Hello world.</h1>;
}
```

这种灵活性使 JSX 可以轻松描述"复杂的 UI"，如果与逻辑配合，即可轻松描述"复杂的 UI 变化"。这使得 React 社区的早期用户可以快速实现各种复杂的基础库，丰富社区生态。

对于前端框架的选型，一个重要的考量点是"社区生态是否繁荣"，即对于日常业务开发遇到的需求，能否快速在社区找到成熟的解决方案。

项目确定技术选型后，中途再切换其他技术栈会付出高成本代价。这将进一步推动更多 React 开发者参与社区建设，最终形成源源不断的正反馈，促使 React 长期占领各大"工程师最愿意使用的前端框架"榜单前列。

> **注**
>
> 高灵活性意味着 JSX 需要牺牲"潜在的编译时优化空间"，这一点我们会在 1.2.2 节讨论。

相较于 JSX 仿佛为前端而生，模板语言的历史则要从后端说起。程序员经常开玩笑说"PHP 是最好的语言"，但早期 PHP 更多是作为 HTML 模板语言出现的，这也能从其全称 Hypertext Preprocessor（超文本预处理器）中窥探出一丝端倪。

PHP 代码可以嵌入 HTML 中，当浏览器请求该网页时，服务端会执行 PHP 代码，

"填充有执行结果的 HTML"会作为数据返回。比如，以下包裹在标签<?php ...... ?>中的 PHP 代码会被执行：

```
<h1>
  <?php echo "My name is {$name}"; ?>
</h1>
```

许多服务端编程语言都实现了 PHP 风格的模板语法，例如：

- 基于 Java 的 JSP
- 基于 PHP 二次封装的 smarty
- 基于 ES 的 EJS

虽然这类模板语法的功能比较强大，但是当页面结构复杂时，逻辑（PHP 代码）会不可避免地与 UI（HTML）结合起来应用。为了更好地展示 UI，GitHub 的联合创始人 Chris Wanstrath 开发了 Mustache，这是一款"重 UI 而轻逻辑"的模板解析引擎，主流编程语言几乎都有各自的 Mustache 实现。

对于上面的例子，只需要向 Mustache 传入 JSON 格式的数据：

```
{
  "name": "Ka Song"
}
```

与模板：

```
<h1>
  My name is {{name}}
</h1>
```

即可返回与上文 PHP 模板同样的结果。

虽然 Mustache 能够简练、直观地表达 UI，但是缺失逻辑的表达能力。还有一些模板语法则尝试在 UI 与逻辑之间寻找平衡，例如 Django 的 DTL（Django Template Language），除了使用与 Mustache 相同的{{}}语法表达 UI 中的变量外，还包含大量的常见逻辑，例如：

- if else 等流程控制逻辑

```
{% if condition %}
... display
```

```
{% endif %}
```

- for in 迭代逻辑

```
<ul>
{% for user in userList %}
  <li>{{ user.name }}</li>
{% endfor %}
</ul>
```

- 过滤器

语法为 **{{ 变量名 | 过滤器: 可选参数 }}**，比如 {{ name | lower }} 用于"将 name 转化为小写形式"。

从本质上讲，PHP 模板、Mustache 和 DTL 都在原有 HTML 语法的基础上添加了自定义语法。除此之外，还有一些模板语法尝试在原有 HTML 语法基础上进行扩展，例如 Java 中的模板语法 Thymeleaf，通过扩展 HTML 元素属性实现各种逻辑，由它实现上面的例子的代码如下：

```
<h1 th:text="'My name is' + ${name}">name</h1>
```

其中"th:text"属性中的内容会替换掉元素内容。

这种模板语法的好处是——其 UI 与逻辑都是合法的 HTML 语法，可以直接在浏览器中正常显示"未替换的原始模板页面"。

随着前端开发与 Node.js 的发展，应用复杂度不断提高，前后端分离的开发模式开始普及，"状态驱动 UI"的前端框架也应运而生。如果你是后端工程师，看到如下 Vue 模板语法时，想必会感觉很亲切。

```
<h1 v-bind:id="titleID">my name is {{name | lower}}</h1>
```

我们多次提到两个概念——逻辑与 UI。JSX 和模板语法都能描述这两个概念，但是出发点不同。模板语法的出发点是，既然前端框架使用 HTML 描述 UI，就扩展 HTML 语法，使它能够描述逻辑，即"从 UI 出发，扩展 UI，描述逻辑"。JSX 的出发点是，既然前端框架使用 ES 描述逻辑，就扩展 ES 语法，使它能够描述 UI，即"从逻辑出发，扩展逻辑，描述 UI"。虽然两者达到了同样的目的，但是会对框架的实现产生影响，我们会在后续章节进行讨论。

1.1.2　如何组织 UI 与逻辑

为了实现 UI 与逻辑的关注点分离（计算机术语，指将计算机程序分割为不同部分的设计原则），需要一种存放 UI 与逻辑的松散耦合单元，这就是组件。关于组件，有两个很重要的问题需要解释：

（1）组件如何组织逻辑与 UI？

（2）如何在组件之间传输数据？

这里借助初中数学知识"自变量与因变量"回答上述两个问题。同时，"自变量与因变量"也可以作为学习 React Hooks、Vue Composition、Svelte 或 SolidJS 的一个新视角。考虑如下等式：

$$2x + 1 = y$$

x 的变化会导致 y 的变化，其中 x 被称为自变量，y 被称为因变量。

在 React Hooks 中可以用如下方式定义自变量：

```
// 初始值为 0 的自变量 x
const [x, setX] = useState(0);
// 取值
console.log(x);
// 赋值
setX(2);
```

在 Vue Composition 中可以用如下方式定义自变量：

```
// 初始值为 0 的自变量 x
const x = ref(0);
// 取值
console.log(x.value);
// 赋值
x.value = 2;
```

在 React Hooks 出现之前，为了使 React 能够定义自变量，可以使用 Mobx 状态管理库，以下是在 Mobx 中定义自变量的方式：

```
// 初始值为 0 的自变量 x
const x = observable({data: 0});
```

```
// 取值
console.log(x.data);
// 赋值
x.data = 2;
```

Svelte、SolidJS 也遵循同样的模式，这里不展开举例。

在这些框架或状态管理库中，自变量普遍由 getter（取值）与 setter（赋值）两部分组成。自变量变化会导致"依赖它的因变量"变化。在前端框架中，因变量有两种类型：

（1）无副作用因变量；

（2）有副作用因变量。

这里的"副作用"是函数式编程中的概念，是指"在函数执行过程中产生对外部环境的影响"。如果一个函数同时满足如下条件，则称这个函数为"纯函数"：

（1）相同的输入始终获得相同的输出；

（2）不会修改程序的状态或引起副作用。

对于如下函数，如果参数 x 固定，则 calc(x) 的结果固定，并且函数执行过程中不修改程序的状态或引起副作用，所以 calc 是纯函数：

```
function calc(x) {
  return 2x + 1;
}
```

对于如下函数，由于引入了随机数，对于固定的参数 x，函数 calcRandom(x) 的结果不固定，因此该函数不是纯函数：

```
function calcRandom(x) {
  return 2x + 1 + Math.random();
}
```

对于如下函数，虽然对于固定的参数 x，calc(x) 的结果固定，但是函数执行过程中修改了函数外部的变量，引起副作用，所以该函数不是纯函数：

```
function calc(x) {
  document.title = x;
  return 2x + 1;
}
```

除修改函数外部变量外，调用 DOM API、I/O 操作、控制台打印信息等"函数调用过程中产生的，外部可观察的变化"都属于副作用。

在 React Hooks 中可以用如下方式定义"无副作用因变量"：

```
// 定义依赖 x 的因变量 y
const y = useMemo(() => x * 2 + 1, [x]);
// 取值
console.log(y);
```

在 Vue Composition 中可以用如下方式定义"无副作用因变量"：

```
// 定义依赖 x 的因变量 y
const y = computed(() => x.value * 2 + 1);
// 取值
console.log(y.value);
```

在 Mobx 中可以用如下方式定义"无副作用因变量"：

```
// 定义依赖 x 的因变量 y
const y = computed(() => x.data * 2 + 1);
// 取值
console.log(y.get());
```

由于因变量会根据"依赖的自变量"变化而变化，因此因变量不需要赋值。为了减少业务开发过程中"无副作用因变量相关的潜在 bug"，"无副作用因变量"应该设计为纯函数。

"自变量变化导致的副作用"可以交由"有副作用因变量"处理，在 React Hooks 中可以用如下方式定义：

```
// 当依赖的 x 变化，修改页面标题（副作用）
useEffect(() => document.title = x, [x]);
```

在 Vue Composition 中可以用如下方式定义"有副作用因变量"：

```
watchEffect(() => document.title = x.value);
```

在 Mobx 中可以用如下方式定义"有副作用因变量"：

```
autorun(() => document.title = x.data);
```

了解以上自变量与因变量的概念后，我们来看第一个问题，即组件如何组织逻辑与 UI？思考如下 React 组件（Vue 组件同样适用）：

```
function Counter() {
```

```
  const [num, updateNum] = useState(0);
  return (
    <p onClick={() => updateNum(num + 1)}><span>值为</span>{num}</p>
  )
}
```

Counter 的作用是记录点击次数,其中定义了自变量 num,初始值为 0。UI 由 P、SPAN 这两个元素构成,逻辑为:当 P 元素触发点击事件,执行 updateNum 方法时,自变量 num 更新为 num + 1,进而导致 UI 中 P 元素内容发生变化。可以发现,**逻辑中的自变量变化可以导致 UI 变化**。

由于自变量可以改变 UI,因此自变量也能通过改变因变量间接改变 UI。首先修改 Counter,增加"依赖自变量 num 的因变量 fixedNum",它会将整数转换为"保留两位小数的格式"。然后将 UI 中使用的 num 替换为 fixedNum:

```
function Counter() {
  const [num, updateNum] = useState(0);
  const fixedNum = useMemo(() => num.toFixed(2), [num]);
  return (
    <p onClick={() => updateNum(num + 1)}><span>值为</span>{fixedNum}</p>
  )
}
```

当 P 元素触发点击事件,num 变化,fixedNum 随之发生变化,会进一步导致 UI 变化。

可以发现,**逻辑中的自变量变化,会导致"无副作用因变量"变化,进一步导致 UI 变化**。

这里使用 useMemo 只是为了演示其因变量的本质,实际开发时可以用如下语句替换 fixedNum 的定义,实现同样的效果:

```
const fixedNum = num.toFixed(2);
```

关于是否使用 useMemo 与 React 的性能优化相关,相关知识将在 6.5 节介绍。

这里我们使用 useEffect 为 Counter 增加副作用,当 num 发生变化后,修改当前页面标题,代码如下:

```
function Counter() {
  const [num, updateNum] = useState(0);
  const fixedNum = useMemo(() => num.toFixed(2), [num]);
  useEffect(() => document.title = '当前值: ${fixedNum}', [fixedNum]);
  return (
    <p onClick={() => updateNum(num + 1)}><span>值为</span>{fixedNum}</p>
  )
}
```

可以发现，逻辑中的自变量变化，会导致"有副作用因变量"变化，执行副作用。组件内部工作流程如图 1-1 所示。

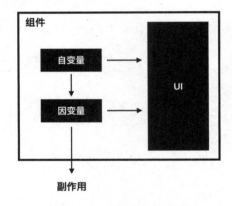

图 1-1 组件内部工作流程

综上所述，组件通过三种方式组织逻辑与 UI：

（1）逻辑中的自变量变化，导致 UI 变化；

（2）逻辑中的自变量变化，导致"无副作用因变量"变化，导致 UI 变化；

（3）逻辑中的自变量变化，导致"有副作用因变量"变化，导致副作用。

1.1.3 如何在组件之间传输数据

新增 Strong 组件，它会将传递给它的 text 以"加粗"的形式显示：

```
function Strong({text}) {
```

```
  return <strong>{text}</strong>;
}
```

将 Counter 中 UI 部分使用的 fixedNum 替换为<Strong text={fixedNum}/>，页面中会显示"加粗的 fixedNum"：

```
// 替换前（为了便于阅读，省略 onClick 回调函数）
<p><span>值为</span>{fixedNum}</p>
// 替换后（为了便于阅读，省略 onClick 回调函数）
<p><span>值为</span><Strong text={fixedNum}/></p>
```

这里用流程图的形式表示 Counter 与 Strong 组件之间的数据传输，如图 1-2 所示。

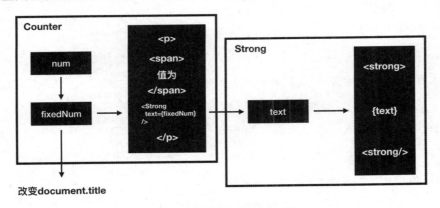

图 1-2　组件间数据传输示例

Counter 逻辑中的因变量 fixedNum，通过 Counter 的 UI 传递给 Strong，并在 Strong 的逻辑中作为自变量传递给 Strong 的 UI。

综上所述，数据在组件之间的传输方式是，组件的自变量或因变量通过 UI 传递给另一个组件，作为其自变量。为了区分不同方式产生的自变量，在前端框架中，"组件内部定义的自变量"通常被称为 state（状态），"其他组件传递而来的自变量"被称为 props（属性）。

Strong 的例子仅仅展示了父子组件间的数据传递过程，当自变量需要跨层级传递时，如图 1-3 所示，A 需要向 C 传递自变量（实际场景可能跨越许多层，为了方便表示这里只设置 ABC 三层）。除采用"经由 B 的层层传递方式"外，也可以通过 store 将自变量直接从 A 传递到 C。

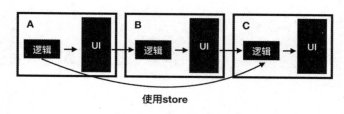

图 1-3 使用 store 传递自变量

在不同框架中，store 的实现方案不同，在 React 中使用 store 需遵循三个步骤：

（1）在 A 的逻辑中调用 React.createContext 创建 context；

（2）在 A 的 UI 中定义 context.provider；

（3）在 C 的逻辑中通过 useContext 消费 A 传递过来的自变量。

store 在本质上也是自变量，相比 state，它能够实现跨层级传递。可以预见，当项目需要大量使用 store 时，就需要管理 store 的方案（这就是 Redux、Mobx、Pinia 等状态管理库的应用场景）。

2021 年 10 月 22 日，React 新文档 beta 版上线，新文档放弃"以 ClassComponent 作为示例"的形式，全面使用 React Hooks 作为示例。同时 React 团队明确表示：相较于 ClassComponent，Hooks 才是未来的发展方向。

社区中一直有关于"ClassComponent 与 Hooks 相比，谁的开发体验更好"的争论。这里提供一种支持 Hooks 的观点：使用 ClassComponent，需要了解各种生命周期的执行时机，甚至不同版本的 React 生命周期执行时机都有所区别。而使用 Hooks，仅仅需要掌握"自变量与因变量"这一初中数学知识。

1.1.4 前端框架的分类依据

对于公式 $UI = f(state)$，在"自变量与因变量"理论中，state 的本质是自变量，自变量通过直接或间接（自变量导致因变量变化）的方式改变 UI。"被改变的 UI"仅仅是"对实际宿主环境 UI 的描述"，并不是实际宿主环境的 UI。例如，如下 JSX 语句仅仅是"对宿主环境 UI 的描述"，只有经由前端框架处理，在宿主环境（比如浏览器）中显示的"H1 样式的'Hello, world!'"才是宿主环境的真实 UI：

```
<h1>Hello, world!</h1>
```

所以，UI = *f*(state)中 *f* 的工作原理可以进一步概括为两步：

（1）根据自变量（state）变化计算出 UI 变化；

（2）根据 UI 变化执行具体的宿主环境 API。

我们先看步骤（2），以前端工程师最熟悉的宿主环境——浏览器举例。在浏览器环境中，"UI 的增删改"是通过 DOM API 实现的，例如：

- 通过 Node.appendChild 或 Node.insertBefore 方法插入 element；
- 通过 Node.removeChild 方法删除 element。

对于这一步骤，不同前端框架的实现基本一致，所以该步骤不能作为框架分类依据。所以，不同框架的差异主要体现在步骤（1）的实现上。

如图 1-4 所示，这是一个由三个组件构成的应用，其中 A 为根组件。

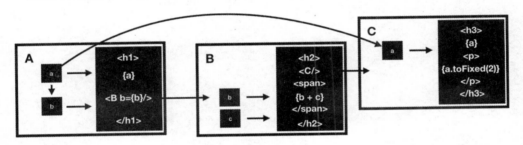

图 1-4　根据自变量变化计算 UI 变化的示例

A 的逻辑包含：

- 自变量 a
- a 的因变量 b

B 的逻辑包含：

- 从 A 传递过来的自变量 b
- 自变量 c

C 的逻辑包含：

- 从 A 传递过来的自变量 a

当 a = 1、b = 2 * a = 2、c = 3 时，宿主环境真实 UI 为：

```
<h1>
  "1"
  <h2>
    <h3>
      "1"
      <p>1.00</p>
    </h3>
    <span>5</span>
  </h2>
</h1>
```

> 注
>
> "1" 代表内容为 1 的文本节点。

现在将 a 变为 2，宿主环境真实 UI 变为：

```
<h1>
  "2"
  <h2>
    <h3>
      "2"
      <p>2.00</p>
    </h3>
    <span>7</span>
  </h2>
</h1>
```

通过观察上述 UI 变化可以发现，"真实 UI 的变化"与自变量、因变量存在对应关系。从"自变量与 UI 的对应关系"的角度进行梳理，所有可能的"自变量到 UI 变化"的路径如下：

（1）a 变化导致 A 的 UI 中 {a} 变化；

（2）a 变化导致 b 变化，导致 B 的 UI 中 {b + c} 变化；

（3）a 变化导致 C 的 UI 中 {a} 变化；

（4）a 变化导致 C 的 UI 中 {a.toFixed(2)} 变化；

（5）c 变化导致 B 的 UI 中 {b + c} 变化。

当某个自变量发生变化时，观察"梳理好的路径"即可了解 UI 中变化的部分，进而执行具体的 DOM 操作。比如，当 c 发生变化后，通过路径（5）得知 B 的 UI 中 {b + c} 变化，UI 中 SPAN 元素内容发生变化，对应 DOM 操作为：

```
// c 变化，b 未变化
spanElement.textContent = b + c;
```

执行 DOM 操作后，真实 UI 中的 SPAN 元素内容变化。

从"自变量与组件的关系"的角度梳理"自变量到 UI 变化"的路径如下：

（1）a 变化导致 A 的 UI 变化；

（2）a 变化导致 b 变化，导致 B 的 UI 变化；

（3）a 变化导致 C 的 UI 变化；

（4）c 变化导致 B 的 UI 变化。

相较于"自变量与 UI 的对应关系"角度，路径从 5 条变为 4 条。虽然路径减少，但是在运行时需要进行额外的工作，即确定"UI 中变化的部分"。比如，当 c 变化后，通过路径（4）只能明确 B 的 UI 变化，UI 中发生变化的具体内容则需要进一步对比。

从"自变量与应用的关系"角度梳理"自变量到 UI 变化"的路径如下：

（1）a 变化导致应用中发生 UI 变化；

（2）c 变化导致应用中发生 UI 变化。

路径从 4 条进一步减少为 2 条。但是，在运行时需要进行更多的额外工作来确定"UI 中变化的部分"。比如，当 c 变化后，虽然通过路径（2）可以明确应用中发生了 UI 变化，但是需要先确定发生 UI 变化的组件，所以需要从 A（根组件）开始依次遍历 A、B、C，对遍历到的每个组件进行对比，最终确定变化的 UI。

一般规律可以总结为：前端框架需要关注"自变量与 x 的对应关系"。随着 x 抽象层级不断下降，"自变量到 UI 变化"的路径增多。路径越多，意味着前端框架在运行时消耗在寻找"自变量与 UI 的对应关系"上的时间越少。

所以，前端框架中"与自变量建立对应关系的抽象层级"可以作为其分类依据。按照这个标准，前端框架可以分为以下三类：

- 应用级框架
- 组件级框架
- 元素级框架

以常见的前端框架为例，React 属于应用级框架，Vue 属于组件级框架，Svelte 与 Solid.js 属于元素级框架。

1.1.5 React 中的自变量与因变量

这里根据"自变量与因变量"理论为常见的 React Hooks 分类，具体标准如下。

- useState：定义组件内部的自变量。
- useReducer：useState 本质是"内置 reducer 的 useReducer"。如果将 useReducer 看作"借鉴 Redux 理念的 useState"，也相当于组件内部定义的自变量。
- useContext：React 中 store 的实现，用于跨层级将其他组件的自变量传递给当前组件。
- useMemo：采用"缓存的方式"定义组件内部"无副作用因变量"。
- useCallback：采用"缓存的方式"定义组件内部"无副作用因变量"，缓存的值为函数形式。
- useEffect：定义组件内部"有副作用因变量"。

除此之外，还有一个常见 Hook——useRef，我们站在前端框架作者的角度来审视它是自变量还是因变量。框架作者在设计组件时需要提供一些灵活度，使开发者在定义 UI 与逻辑时能够跳出组件的限制，执行一些"有副作用的操作"。比如，虽然框架接管了 UI 的渲染，但开发者有时希望自行操作 DOM，这种情况常见于"在框架中使用原生 JavaScript 实现的库"。

虽然框架提供了"有副作用因变量"，但如何在过程中（如图 1-5 所示，图中"标记有齿轮的箭头"代表一个过程）执行"有副作用的操作"？这就是 useRef 的用处所在——Ref 是 reference（引用）的缩写，用于在组件多次 render 之间缓存一个"引用类型的值"。

第 1 章　前端框架原理概览

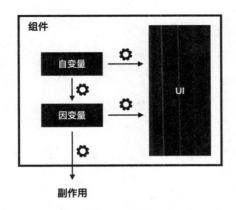

图 1-5　过程中执行有副作用的操作

举例说明，我们希望记录"Counter render 的次数"，使得"Counter UI 中的 Strong"仅在奇数次 render 时显示，在偶数次 render 时不显示。此时不能使用 num 代表"Counter render 的次数"，因为 num 保存的是点击次数，点击会造成 render，但是 render 不一定是点击造成的，即"Counter render 的次数" >= num。

定义 renderCountRef 用来保存"Counter render 的次数"，设置其初始值为 1，代表第一次 render：

```
// 在 Counter 中定义 Ref
const renderCountRef = useRef(1);
// 判断当前是否为奇数次更新
const isOdd = renderCountRef.current % 2 !== 0;
// render 次数增加
renderCountRef.current++;
```

在 UI 中，通过 isOdd 判断是否显示 Strong：

```
<p onClick={() => updateNum(num + 1)}>
  <span>值为</span>
  {isOdd ? <Strong text={fixedNum}/> : null}
</p>
```

上例使用 useRef 在"逻辑与 UI 之间"加入了一个"引用类型的值"，用于在多次 render 之间共享"Counter render 的次数"。除本例介绍的过程外，还可以在图 1-5 标记的所有过程中使用 useRef，useRef 的作用就是提供操作的灵活性。

1.2 前端框架使用的技术

上一节讲解了前端框架的分类标准，本节主要介绍前端框架使用的一些主流技术。下一节将以不同类型的框架为例，分析其实现原理。

1.2.1 编程：细粒度更新

1.1.2 节在讲解因变量时有一个细节，在 React 中定义因变量时需要显式指明"因变量依赖的自变量"（即 useMemo 的第二个参数），而在 Vue、Mobx 中并不需要显式指明上述参数：

```
// 在 React 中定义无副作用因变量
const y = useMemo(() => x * 2 + 1, [x]);
// 在 Vue 中定义无副作用因变量
const y = computed(() => x.value * 2 + 1);
// 在 Mobx 中定义无副作用因变量
const y = computed(() => x.data * 2 + 1);
```

在 Vue 和 Mobx 中使用的"能自动追踪依赖的技术"被称为"细粒度更新"（Fine-Grained Reactivity），它同时也是许多前端框架建立"自变量变化到 UI 变化"的底层原理。这不是一项新技术，KnockoutJS 曾经在 2010 年初采用这种技术实现"响应式更新"。本节我们将使用 70 行代码实现一个"细粒度更新"的简单示例。本书的主题是 React，因此这里使用 React API 的名称来为实现命名。

首先，实现 useState，用来定义自变量：

```
function useState(value) {
  const getter = () => value;
  const setter = (newValue) => value = newValue;

  return [getter, setter];
}
```

useState 接收初始值 value 为参数，形成闭包。调用 getter 取值会返回闭包中的 value，调用 setter 赋值会修改闭包中的 value。与 React 不同，返回值数组[0]并不是 value，而是 getter，后面你会理解这样做的意义。

使用方式如下：

```
const [count, setCount] = useState(0);

console.log(count()); // 0
setCount(1);
console.log(count()); // 1
```

接下来实现"有副作用因变量"——useEffect，期望的行为是：

（1）useEffect 执行后，回调函数立刻执行；

（2）依赖的自变量变化后，回调函数立刻执行；

（3）不需要显式指明依赖。

举例说明，执行如下代码后打印前两条信息。由于 effect1 内部依赖 count，因此 count 变化后会执行回调函数，打印第三条信息。effect2 没有依赖 count，不会执行回调函数：

```
const [count, setCount] = useState(0);

// effect1
useEffect(() => {
  // 1.打印 "count is: 0"
  console.log('count is:', count());
})
// effect2
useEffect(() => {
  // 2.打印 "没我什么事儿"
  console.log('没我什么事儿');
})
setCount(2); // 3.打印 "count is: 2"
```

实现的关键在于建立如图 1-6 所示的 useState 与 useEffect 的订阅发布关系：

（1）在 useEffect 回调中执行 useState 的 getter 时，该 effect 会订阅"该 state 的变化"。

（2）useState 的 setter 在执行时，会向所有"订阅了该 state 变化"的 effect 发布通知。

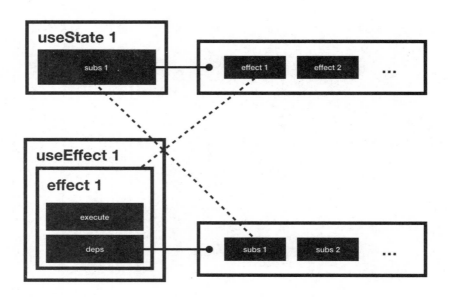

图 1-6　useState 与 useEffect 的订阅发布关系

state 内部的集合 subs 用来保存"订阅该 state 变化的 effect"。effect 是每个 useEffect 对应的数据结构：

```
const effect = {
  // 用于执行 useEffect 回调函数
  execute,
  // 保存该 useEffect 依赖的 state 对应 subs 的集合
  deps: new Set()
}
```

通过遍历 state.subs，可以找到所有"订阅该 state 变化的 effect"。通过遍历 effect.deps，可以找到所有"该 effect 依赖的 state.subs"。完整的 useEffect 实现如下：

```
function useEffect(callback) {
  const execute = () => {
    // 重置依赖
    cleanup(effect);
    // 将当前 effect 推入栈顶
    effectStack.push(effect);
```

```
  try {
    // 执行回调
    callback();
  } finally {
    // effect 出栈
    effectStack.pop();
  }
}
const effect = {
  execute,
  deps: new Set()
}
// 立刻执行一次,建立订阅发布关系
execute();
}
```

这里有三个细节需要注意。首先,在 callback 执行前调用 cleanup 清除所有"与该 effect 相关的订阅发布关系"(callback 在执行时会重建订阅发布关系),这样做的目的将在下文揭晓。cleanup 实现如下:

```
function cleanup(effect) {
  // 从该 effect 订阅的所有 state 对应 subs 中移除该 effect
  for (const subs of effect.deps) {
    subs.delete(effect);
  }
  // 将该 effect 依赖的所有 state 对应 subs 移除
  effect.deps.clear();
}
```

其次,在调用 state 的 getter 时,需要了解该 state 当前所处的是哪个 effect 上下文(用于建立该 state 与 effect 的联系),因此在 callback 执行前将当前 effect 保存在栈 effectStack 顶端,在 callback 执行后 effect 出栈。在 useState 的 getter 内部获取 effectStack 的栈顶 effect 即为"当前所处 effect 上下文"。

最后,在 useEffect 执行后内部会执行 execute,首次建立订阅发布关系。这也是"自动收集依赖"的关键。

接下来修改 useState，完成完整的订阅发布逻辑，useState 完整代码如下：

```javascript
function useState(value) {
  // 保存订阅该 state 变化的 effect
  const subs = new Set();

  const getter = () => {
    // 获取当前上下文的 effect
    const effect = effectStack[effectStack.length - 1];
    if (effect) {
      // 建立订阅发布关系
      subscribe(effect, subs);
    }
    return value;
  }
  const setter = (nextValue) => {
    value = nextValue;
    // 通知所有订阅该 state 变化的 effect 执行
    for (const effect of [...subs]) {
      effect.execute();
    }
  }
  return [getter, setter];
}
```

这里有两个细节需要注意。首先，不管是 effect.deps 还是 state 对应 subs，它们都被定义为 Set 类型，这利用了集合"不会添加重复数据"的特性。

其次，在 getter 中返回 value 之前，需要先判断 "getter 执行时是否处在某个 effect 的上下文中"（通过 effectStack 栈顶是否有 effect 判断）。如果处在上下文中，则调用 subscribe 建立 state 与该 effect 的关系。subscribe 的实现如下，它与 cleanup 是一对相反的操作：

```javascript
function subscribe(effect, subs) {
  // 订阅关系建立
  subs.add(effect);
```

```
  // 依赖关系建立
  effect.deps.add(subs);
}
```

实现 useState 与 useEffect 后，可以在此基础上实现 useMemo：

```
function useMemo(callback) {
  const [s, set] = useState();
  // 首次执行 callback，建立回调中 state 的订阅发布关系
  useEffect(() => set(callback()));
  return s;
}
```

现在来解释为什么每次 effect.execute 执行都需要重置订阅发布关系——这为"细粒度更新"带来"自动依赖追踪"的能力。考虑下面的例子：

```
const [name1, setName1] = useState('LiLei');
const [name2, setName2] = useState('HanMeiMei');
const [showAll, triggerShowAll] = useState(true);

const whoIsHere = useMemo(() => {
  if (!showAll()) {
    return name1();
  }
  return '${name1()} 和 ${name2()}';
})
// 打印 1: 谁在那儿! LiLei 和 HanMeiMei
useEffect(() => console.log('谁在那儿! ', whoIsHere()))
```

定义三个自变量 name1、name2、showAll，初始值分别为"LiLei"、"HanMeiMei"和 true。定义"无副作用因变量"whoIsHere，依赖上述三个自变量。定义"有副作用因变量"，依赖 whoIsHere。接下来执行如下代码：

```
// 打印 2: 谁在那儿! XiaoMing 和 HanMeiMei
setName1('XiaoMing');

// 打印 3: 谁在那儿! XiaoMing
triggerShowAll(false);
```

```
// 不打印信息
setName2('XiaoHong');
```

当 triggerShowAll(false)被执行导致 showAll 的 value 为 false 后，whoIsHere 进入如下逻辑：

```
if (!showAll()) {
  return name1();
}
```

由于 name2 没有被执行，因此 name2 与 whoIsHere 已经不存在订阅发布关系。只有当 triggerShowAll(true)被执行后，whoIsHere 进入如下逻辑，此时 whoIsHere 才会重新依赖 name1 与 name2：

```
return '${name1()} 和 ${name2()}';
```

完整代码见示例 1-1。

示例 1-1：

```
// 保存effect调用栈
const effectStack = [];

function subscribe(effect, subs) {
  // 订阅关系建立
  subs.add(effect);
  // 依赖关系建立
  effect.deps.add(subs);
}

function cleanup(effect) {
  // 从该effect订阅的所有state对应的subs中移除该effect
  for (const subs of effect.deps) {
    subs.delete(effect);
  }
  // 将该effect依赖的所有state对应的subs移除
  effect.deps.clear();
}
```

```js
function useState(value) {
  // 保存订阅该 state 变化的 effect
  const subs = new Set();

  const getter = () => {
    // 获取当前上下文的 effect
    const effect = effectStack[effectStack.length - 1];
    if (effect) {
      // 建立订阅发布关系
      subscribe(effect, subs);
    }
    return value;
  };
  const setter = (nextValue) => {
    value = nextValue;
    // 通知所有订阅该 state 变化的 effect 执行
    for (const effect of [...subs]) {
      effect.execute();
    }
  };
  return [getter, setter];
}

function useEffect(callback) {
  const execute = () => {
    // 重置依赖
    cleanup(effect);
    // 将当前 effect 推入栈顶
    effectStack.push(effect);

    try {
      // 执行回调
      callback();
    } finally {
      // effect 出栈
```

```
    effectStack.pop();
  }
};
const effect = {
  execute,
  deps: new Set()
};
// 立刻执行一次，建立订阅发布关系
execute();
}

function useMemo(callback) {
  const [s, set] = useState();
  // 首次执行callback，初始化value
  useEffect(() => set(callback()));
  return s;
}
```

至此，我们用 70 行代码实现了"细粒度更新"版本的 React Hooks。相比 React Hooks，它有两个显著优点：

（1）无须显式指明依赖；

（2）由于可以自动跟踪依赖，因此不受 React Hooks "不能在条件语句中声明 Hooks"的限制。

既然"细粒度更新"有如上优点，为什么 React Hooks 没有使用细粒度更新呢？原因在于 React 属于应用级框架，从关注"自变量与应用的对应关系"角度看，其更新粒度不需要很细，因此无须使用细粒度更新。作为代价，React Hooks 在使用上则会受到与上述两个优点相对应的两种限制。

我们的实现与 React 还有一个区别，即 getValue 是一个函数，而不是自变量的值：

```
const [getValue, setValue] = useState(0);
// 获取自变量的值需要执行getter
const value = getValue();
```

Solid.js 使用了这一方式，在 Vue2、Vue3 中分别使用对象的存取描述符和 Proxy 封装了 getValue，隐藏了其实际是函数这一细节。

1.2.2 AOT

现代前端框架都需要"编译"这一步骤，用于：
- 将"框架中描述的 UI"转换为宿主环境可识别的代码；
- 代码转化，比如将 ts 编译为 js、实现 polyfill 等；
- 执行一些编译时优化；
- 代码打包、压缩、混淆。

"编译"可以选择两个时机执行：
- 代码在构建时，被称为 AOT（Ahead Of Time，提前编译或预编译），宿主环境获得的是编译后的代码；
- 代码在宿主环境执行时，被称为 JIT（Just In Time，即时编译），代码在宿主环境中编译并执行。

Angular 同时提供这两种编译方案，这里以 Angular 举例说明两者的区别。Angular 代码如下：

```
import { Component } from "@angular/core";

@Component({
  selector: "app-root",
  template: "<h3>{{getTitle()}}</h3>"
})
export class AppComponent {
  public getTitle() {
    return 'Hello World';
  }
}
```

定义 AppComponent，浏览器（作为宿主环境）渲染的最终结果为：

```
<app-root>
  <h3>Hello World</h3>
</app-root>
```

将模板中使用的 getTitle 方法修改为未定义的 getTitleXXX：

```
// 从
template: "<h3>{{getTitle()}}</h3>"
// 修改为
template: "<h3>{{getTitleXXX()}}</h3>"
```

如果使用 AOT，代码在编译后就会立刻报错：

```
ERROR occurs in the template of component AppComponent.
```

如果使用 JIT，则代码在编译后不会报错，而是在浏览器中执行时报错：

```
ERROR TypeError: _co.getTitleXXX is not a function
```

造成以上区别的原因是：当使用 JIT 时，构建阶段仅使用 tsc 将 TS 编译为 JS 并将代码打包。打包后的代码在浏览器中执行到 Decorator（上例中的@Component 语句）时，Angular 的模板编译器才开始编译 template 字段包含的模板语法，并报错。

当使用 AOT 时，tsc、Angular 的模板编译器会在构建阶段进行编译，所以会立刻发现 template 字段包含的错误。

除以上区别外，JIT 与 AOT 的区别还包括：

- 使用 JIT 的应用在首次加载时慢于使用 AOT 的应用，因为其需要先编译代码；而使用 AOT 的应用已经在构建时完成编译，可以直接执行代码。
- 使用 JIT 的应用代码体积可能大于使用 AOT 的应用，因为其在运行时会增加编译器代码。

基于以上原因，Angular 一般在开发环境中使用 JIT，在生产环境中使用 AOT。

1.1.4 节已经介绍过，UI = f(state)中 f 的工作原理可以概括为两个步骤：

（1）根据自变量变化计算出 UI 变化。

（2）根据 UI 变化执行具体的宿主环境 API。

借助 AOT 对模板语法编译时的优化，可以减少步骤（1）的开销。这是大部分"采用模板语法描述 UI"的前端框架都会进行的优化，例如 Vue3、Angular、Svelte。其本质原因在于模板语法是固定的，固定意味着"可分析"，"可分析"意味着在编译时可以标记模板语法中的静态部分（不变的部分）与动态部分（包含自变量，可变的部分），使步骤（1）在寻找"变化的 UI"时可以跳过静态部分。Svelte、Solid.js 甚至利用 AOT 在编译时直接建立"自变量与 UI 中动态部分的关系"，在运行时，自变量发生变化后，可以直接执行步骤（2）。

注

AOT 能够在多大程度上减少步骤（1）的开销？视框架实现细节不同而不同，这一点可以通过比较 1.3.1 节与 1.3.2 节介绍的内容来体会。

"采用 JSX 描述 UI"的前端框架则难以从 AOT 中受益。原因在于 JSX 是 ES 的语法糖，ES 语句的灵活性使其很难进行静态分析。这里有两个思路来实现"使用 JSX 描述 UI"的前端框架在 AOT 中受益：

- 使用新的 AOT 实现；
- 约束 JSX 的灵活性。

React 尝试过第一种思路。prepack 是 Meta 推出的一款 React 编译器，用于实现 AOT 优化。其思路是：在保持运行结果一致的情况下，改变源代码的运行逻辑，输出性能更高的代码。即"代码在编译时将计算结果保留在编译后的代码中，而不是在运行时才去求值"。比如，如下代码：

```
(function () {
 function hello() { return 'hello'; }
 function world() { return 'world'; }
 global.s = hello() + ' ' + world();
})();
```

经由 prepack 编译后输出：

```
global.s = "hello world";
```

遗憾的是，出于多方面的考虑，prepack 项目已于 2019 年暂停。

除 prepack 外，在 React Conf 2021 中，Meta 的工程师黄玄介绍了 React Forget，这是一个"可以自动生成等效于 useMemo 与 useCallback 代码"的编译器。至本书成稿时，React Forget 正处于重写后的迭代阶段。Solid.js 同样使用 JSX 描述 UI，它实现了几个内置组件用于"在 UI 中描述逻辑"，从而减少 JSX 的灵活性，使 AOT 成为可能。比如以下代码：

```
// For 替代数组的 map 方法
<For each={state.list} fallback={<div>Loading...</div>}>
  {(item) => <div>{item}</div>}
</For>
```

```
// Show 替代 if 条件语句
<Show when={state.count > 0} fallback={<div>Loading...</div>}>
  <div>My Content</div>
</Show>

// Switch、Match 替代 switch...case 语句
<Switch fallback={<div>Not Found</div>}>
  <Match when={state.route === "home"}>
    <Home />
  </Match>
  <Match when={state.route === "settings"}>
    <Settings />
  </Match>
</Switch>
```

综上所述，前端框架可以从 AOT 中获得许多益处，其中对框架工作原理影响较大的是：减少"根据自变量变化计算出 UI 变化"这一步骤的工作量。本书后续章节在提到 AOT 时，主要指其在"减少'根据自变量变化计算出 UI 变化'"发挥的作用。这部分工作原本是怎样完成的？可以参考 1.2.3 节将介绍的 Virtual DOM。

1.2.3 Virtual DOM

Virtual DOM（虚拟 DOM，后文简称 VDOM）是实现"根据自变量变化计算出 UI 变化"的一种主流技术，其工作原理可以概括为两个步骤：

（1）将"元素描述的 UI"转化为"VDOM 描述的 UI"；

（2）对比变化前后"VDOM 描述的 UI"，计算出 UI 中发生变化的部分。

使用 VDOM 的不同框架大体遵循以上两个步骤，只是细节上有所区别。比如，Vue 使用模板语法描述 UI，模板语法编译为 render 函数，其对应的两个步骤为：

（1）render 函数执行后返回"VNode 描述的 UI"，这一步骤在 Vue 中被称为 render。

（2）将变化前后"VNode 描述的 UI"进行比较，计算出 UI 中变化的部分，这一步骤在 Vue 中被称为 patch。

React 使用 JSX 描述 UI，JSX 编译为 createElement 方法，其对应的两个步骤为：

（1）createElement 方法执行后返回"React Element 描述的 UI"；

（2）将"React Element 描述的 UI"与变化前"FiberNode 描述的 UI"进行比较，计算出 UI 中变化的部分，同时生成本次更新"FiberNode 描述的 UI"。

> **注**
>
> 对于 React VDOM 的详细介绍见 2.3 节，所用的算法介绍见第 7 章。现在我们只需要了解，VDOM 的本质是对 UI 的描述。

VDOM 的优点主要有以下三点。

第一，相较于 DOM 的体积优势。我们可以通过如下代码打印一个 HTMLDivElement 包含的属性与方法数量：

```
const div = document.createElement('div');
let len = 0;
for (let key in div) {
    len++;
}
// 一个 div 包含的属性与方法数量：317
console.log('一个 div 包含的属性与方法数量：', len);
```

除"比较 UI 变化所必需的属性"外，DOM 还包含大量冗余的属性。使用"包含较少冗余属性的 VDOM"进行比较，能够减少内存开销。

第二，相较于 AOT 更强大的描述能力。在 1.2.2 节我们提到，最大化 AOT 收益的前提是："描述 UI 的代码"写法固定，可被静态分析，而"固定"意味着有限的描述能力。比如，要在"使用模板语法的前端框架"中实现类似 React 的 children 属性，需要实现 Slot Component，对 children 的简单操作也变为对 Slot Component 的烦琐操作。

第三，多平台渲染的抽象能力。1.1.4 节提到，UI = f(state) 中 f 的工作原理可以概括为两步：

（1）根据自变量变化计算出 UI 变化；

（2）根据 UI 变化执行具体的宿主环境 API。

只需要在第 2 步为 VDOM 对接不同的宿主环境，即可实现"一个框架，多端渲染"。比如在 React 体系中，React 核心代码位于 React 包中，VDOM 相关代码位于 React Reconciler 包中，不同宿主环境使用不同的包对接：

- 浏览器、Node.js 宿主环境使用 ReactDOM 包。
- Native 宿主环境使用 ReactNative 包。
- Canvas，SVG 或 VML（IE8）宿主环境使用 ReactArt 包。
- ReactTest 包渲染出 JavaScript（后文简称为 JS）对象，可以很方便地测试"不隶属于任何宿主环境的通用功能"。

在讨论 VDOM 的优点时，并没有提到"运行速度"，这并不是因为 VDOM 运行速度不理想。事实上，相比于 AOT，"采用 VDOM 的前端框架"在运行时也能拥有极好的性能。图 1-7 所示为采用开源项目 krausest/js-framework-benchmark 测试的不同前端框架在不同场景下的性能基准。其中行标签表示测试操作，列标签表示不同的框架，单元格中的数字用于区分性能优劣。

名称	vanillajs	blockdom-v0.9.26	solid-v1.4.4	mobx-jsx-v0.14.0	inferno-v7.4.8	lit-v2.1.1	svelte-v3.48.0	vue-v3.2.37	preact-v10.7.3	angular-v13.0.0	react-hooks-v18.0.0	marko-v4.12.3	react-v17.0.2	knockout-v3.5.0	alpine-v3.10.2
create rows 创建1000行	78.6 ± 2.2 (1.00)	89.4 ± 4.1 (1.14)	81.0 ± 1.5 (1.03)	103.0 ± 7.1 (1.31)	90.3 ± 2.6 (1.15)	95.4 ± 3.7 (1.21)	97.9 ± 5.3 (1.25)	111.0 ± 4.7 (1.41)	103.2 ± 6.1 (1.31)	112.5 ± 2.1 (1.43)	113.5 ± 3.9 (1.44)	108.1 ± 3.1 (1.37)	117.7 ± 4.4 (1.50)	189.2 ± 3.8 (2.41)	293.7 ± 8.5 (3.73)
replace all rows 更新所有1000行	80.8 ± 2.5 (1.00)	86.1 ± 0.6 (1.07)	82.6 ± 2.6 (1.02)	88.8 ± 0.8 (1.10)	86.7 ± 1.8 (1.07)	91.3 ± 2.0 (1.13)	98.9 ± 1.6 (1.22)	96.4 ± 1.3 (1.19)	102.5 ± 1.9 (1.27)	102.1 ± 2.3 (1.26)	102.7 ± 1.4 (1.27)	95.9 ± 1.6 (1.19)	109.8 ± 1.9 (1.36)	164.5 ± 4.1 (2.04)	226.2 ± 6.0 (2.80)
partial update 1000行内每隔10行更新一行	169.4 ± 5.6 (1.03)	166.4 ± 2.3 (1.01)	164.3 ± 4.7 (1.00)	174.7 ± 3.9 (1.06)	173.8 ± 3.8 (1.06)	172.8 ± 3.3 (1.05)	180.8 ± 3.3 (1.10)	189.0 ± 4.7 (1.15)	189.0 ± 3.7 (1.15)	172.8 ± 3.5 (1.05)	195.6 ± 2.2 (1.19)	233.5 ± 8.8 (1.42)	214.4 ± 3.0 (1.30)	172.5 ± 1.9 (1.05)	195.9 ± 1.6 (1.19)
select row 高亮选中行	21.9 ± 1.1 (1.00)	25.2 ± 1.0 (1.15)	23.7 ± 1.7 (1.08)	24.1 ± 0.5 (1.10)	38.7 ± 1.9 (1.77)	34.5 ± 1.8 (1.58)	31.5 ± 0.9 (1.44)	35.9 ± 1.7 (1.64)	46.9 ± 2.0 (2.14)	53.4 ± 2.1 (2.44)	58.1 ± 2.6 (2.65)	95.7 ± 9.4 (4.38)	95.7 ± 1.8 (4.38)	109.3 ± 2.2 (4.99)	267.3 ± 5.3 (12.22)
swap rows 在1000行表格中选中2行交换	50.2 ± 0.6 (1.01)	49.9 ± 0.8 (1.00)	50.8 ± 1.1 (1.02)	53.7 ± 1.0 (1.08)	50.7 ± 1.1 (1.02)	53.1 ± 0.6 (1.07)	55.0 ± 1.4 (1.10)	53.4 ± 1.1 (1.07)	52.1 ± 1.1 (1.04)	355.4 ± 6.0 (7.13)	336.5 ± 4.2 (6.75)	331.6 ± 5.5 (6.65)	333.1 ± 3.1 (6.68)	60.3 ± 1.6 (1.21)	75.7 ± 0.9 (1.52)
remove row 移除1行	25.4 ± 0.3 (1.03)	25.2 ± 0.9 (1.03)	25.2 ± 0.6 (1.03)	24.6 ± 0.7 (1.00)	25.8 ± 0.5 (1.05)	25.7 ± 0.5 (1.05)	25.2 ± 0.8 (1.03)	27.0 ± 1.5 (1.10)	25.8 ± 0.1 (1.05)	24.7 ± 0.7 (1.05)	25.9 ± 0.7 (1.05)	26.8 ± 0.7 (1.09)	26.8 ± 1.4 (1.09)	26.3 ± 0.6 (1.07)	30.2 ± 0.7 (1.23)
create many rows 创建10000行	814.6 ± 53.3 (1.00)	931.8 ± 13.8 (1.14)	927.0 ± 17.0 (1.14)	998.4 ± 4.7 (1.23)	946.6 ± 8.1 (1.16)	966.1 ± 22.4 (1.19)	945.4 ± 22.5 (1.16)	1,021.7 ± 14.3 (1.25)	1,073.9 ± 9.7 (1.32)	1,119.6 ± 9.5 (1.37)	1,344.1 ± 19.1 (1.65)	1,070.2 ± 10.2 (1.31)	1,397.3 ± 15.8 (1.72)	1,638.8 ± 18.7 (2.01)	2,278.7 ± 21.0 (2.80)
append rows to large table 向10000行表格中插入1000行	180.8 ± 2.5 (1.00)	181.1 ± 3.5 (1.00)	185.5 ± 3.8 (1.03)	220.1 ± 4.6 (1.22)	189.8 ± 4.4 (1.05)	202.1 ± 3.8 (1.12)	219.6 ± 5.2 (1.21)	210.4 ± 6.4 (1.16)	243.8 ± 4.8 (1.35)	250.7 ± 4.4 (1.39)	228.3 ± 4.9 (1.26)	231.0 ± 6.9 (1.28)	257.7 ± 1.6 (1.43)	348.9 ± 7.2 (1.93)	483.2 ± 6.3 (2.67)
clear rows 清除1000行的表格	47.7 ± 1.8 (1.02)	46.9 ± 2.2 (1.00)	56.8 ± 1.9 (1.21)	61.9 ± 2.1 (1.32)	59.6 ± 1.6 (1.27)	68.4 ± 2.4 (1.46)	73.2 ± 2.0 (1.56)	64.3 ± 1.7 (1.37)	67.7 ± 1.9 (1.44)	142.2 ± 0.9 (3.03)	111.1 ± 2.5 (2.37)	91.1 ± 2.9 (1.94)	76.0 ± 2.4 (1.62)	249.7 ± 8.1 (5.33)	186.8 ± 1.1 (3.99)
geometric mean 表中的所有因素	1.01	1.06	1.06	1.15	1.16	1.19	1.22	1.25	1.31	1.79	1.81	1.84	1.91	2.07	2.73

图 1-7 采用开源项目 krausest/js-framework-benchmark 测试的不同前端框架在不同场景下的性能基准

其中第二列 vanillajs 表示不使用任何框架时的情况，其性能通常是最高的。blockdom（第三列）、inferno（第六列）都是 VDOM 方案，solid（第四列）、svelte（第八列）是 AOT 方案。可见，VDOM 的性能也能做到很好。

图 1-7 还体现了一个细节，用例 select row（第五行）衡量"高亮选中一行所需时间"。与采用 AOT 的方案相比，采用 VDOM 的方案性能普遍较差。可见，对于粒度越细的更新，AOT 的优势越大。

1.3 前端框架的实现原理

结合 1.1.4 节的框架分类依据，这里选出三种有代表性的前端框架：
- 元素级框架 Svelte
- 组件级框架 Vue
- 应用级框架 React

本节将结合 1.2 节介绍的技术点，讲解这三种框架的实现原理，即对于不同框架，UI = f(state)中 f 如何实现以下两个步骤：

（1）根据自变量变化计算出 UI 变化；

（2）根据 UI 变化执行具体的宿主环境 API。

通过本节的学习，读者可以更好地理解 React 在前端框架中的定位。

1.3.1 Svelte

Svelte 的作者是 Rich Harris，他同时也是 Rollup、Ractive 的作者。Svelte 的 API 设计继承自 Ractive（与 Vue 类似），有 Vue 经验的程序开发人员可以快速上手。但是 Svelte 与 Vue 在框架实现上有极大不同，原因在于 Svelte 是一款重度依赖 AOT 的元素级框架。接下来，我们结合多个示例和图 1-8 所示流程图来讲解 Svelte 的实现原理。

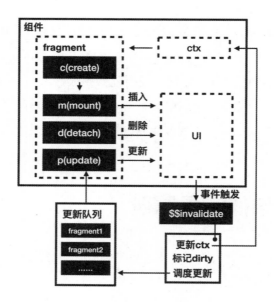

图 1-8 Svelte 的实现原理

在图 1-8 中,"组件"指"开发者编写的组件",内部虚线部分则由 AOT 编译而成,图中的各个箭头表示运行时的工作流程。首先来看编译生成的部分,思考示例 1-2 所示 App 组件代码。

示例 1-2:
```
<h1>{count}</h1>

<script>
  let count = 0;
</script>
```

浏览器会显示"H1 样式的 0"。这段代码经由 AOT 编译后产生如下代码,包括三个部分:

- create_fragment 方法;
- count 的声明语句;
- class App 的声明语句。

```
// 省略部分代码
function create_fragment(ctx) {
```

```
  let h1;

  return {
    c() {
      h1 = element("h1");
      h1.textContent = '${count}';
    },
    m(target, anchor) {
      insert(target, h1, anchor);
    },
    d(detaching) {
      if (detaching) detach(h1);
    }
  };
}

let count = 0;

class App extends SvelteComponent {
  constructor(options) {
    super();
    init(this, options, null, create_fragment, safe_not_equal, {});
  }
}

export default App;
```

create_fragment 方法是 Svelte 编译器根据 App 组件的 UI 编译而成的,提供该组件与宿主环境交互的方法。上述编译结果包含三个方法。

- c,代表 create,用于根据模板内容创建对应的 DOM 元素。在上面的例子中,其创建 H1 对应的 DOM 元素:

```
h1 = element("h1");
h1.textContent = '${count}';
```

- m,代表 mount,用于将 c 创建的 DOM 元素插入页面,完成组件首次渲染。在上面的例子中，其会将 H1 插入页面：

```
insert(target, h1, anchor);
```

insert 方法会调用 target.insertBefore：

```
function insert(target, node, anchor) {
  target.insertBefore(node, anchor || null);
}
```

- d，代表 detach，用于将组件对应 DOM 元素从页面中移除。在上面的例子中，其会移除 H1：

```
if (detaching) detach(h1);
```

detach 方法会调用 parentNode.removeChild：

```
function detach(node) {
  node.parentNode.removeChild(node);
}
```

仔细观察图 1-8，可以发现 App 组件编译的产物不包含图中"fragment 内的 p 方法"。这是因为 App 没有"自变量变化"的逻辑，所以相应方法不会出现在编译产物中。事实上，Svelte 会根据需要引入运行时代码，而一些不使用 AOT 的框架（比如 React）只能全量引入框架运行时代码。举例说明，如果应用中没有使用 store，Svelte 编译后的产物中不会包含 store 的运行时代码，但是 React 会包含 Context（store 在 React 中的实现）相关代码。这使得在应用的复杂度达到某个临界点之前，Svelte 相比 React、Vue 等框架有"编译后代码体积"方面的优势。

根据开源项目 svelte-it-will-scale 的计算，当应用的源代码体积小于 120KB 时，Svelte 相较于 React 有编译后代码的体积优势，如图 1-9 所示。

可以发现，create_fragment 返回的 c、m 方法用于组件首次渲染。

每个组件对应一个继承自 SvelteComponent 的 class，其在实例化时会调用 init 方法完成组件初始化，create_fragment 会在 init 中调用以下方法：

```
class App extends SvelteComponent {
  constructor(options) {
    super();
    init(this, options, null, create_fragment, safe_not_equal, {});
```

```
    }
}
```

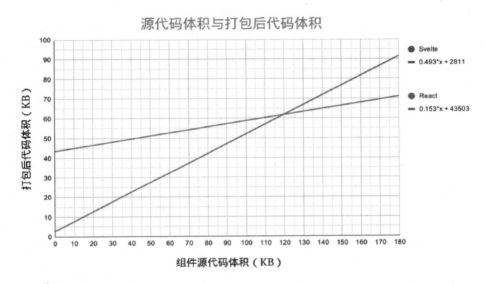

图 1-9　Svelte 相较于 React 的编译体积优势（来自开源项目 svelte-it-will-scale）

create_fragment 返回的 c、m 方法用于组件首次渲染，那么谁会调用这些方法呢？

每个组件对应一个继承自 SvelteComponent 的 class，其在实例化时会调用 init 方法完成组件初始化，init 方法内部会调用上述方法：

```
class App extends SvelteComponent {
  constructor(options) {
    super();
    init(this, options, null, create_fragment, safe_not_equal, {});
  }
}
```

综上所述，图 1-8 虚线部分在本例中的编译结果为：

- fragment：编译为 create_fragment 方法的返回值；
- UI：create_fragment 返回值中 m 方法的执行结果；
- ctx：代表组件的上下文，由于上面的例子中只包含一个不会改变的自变量 count，因此 ctx 是 count 的声明语句。

修改示例 1-2，增加 update 方法，为 H1 绑定点击事件，count 在点击后发生改变，形成示例 1-3 如下所示。

示例 1-3：
```
<h1 on:click="{update}">{count}</h1>

<script>
  let count = 0;
  function update() {
    count++;
  }
</script>
```

编译产物发生变化，ctx 的变化如下：

```
// 从 module 顶层的声明语句
let count = 0;

// 变为 instance 方法
function instance($$self, $$props, $$invalidate) {
  let count = 0;

  function update() {
    $$invalidate(0, count++, count);
  }

  return [count, update];
}
```

count 从 module 顶层的声明语句变为 instance 方法内的变量。发生这种变化的原因是 App 可以多次实例化：

```
// 在模板中定义 3 个 App
<App/>
<App/>
<App/>
```

```
// 当 count 不可变时, 页面渲染为
<h1>0</h1>
<h1>0</h1>
<h1>0</h1>
```

当 count 不可变时, 所有 App 可以复用同一个 count。但是当 count 可变时, 根据不同 App 被点击的次数不同, 页面可能渲染为:

```
<h1>0</h1>
<h1>3</h1>
<h1>1</h1>
```

每个 App 需要有独立的上下文保存 count, 这就是 instance 方法的意义。推广来说, Svelte 编译器会追踪<script>内所有变量声明:

- 是否包含"改变该变量的语句", 比如 count++。
- 是否包含"重新赋值的语句", 比如 count = 1。

一旦发现上述情况, 该变量就会被提取到 instance 中, instance 执行后的返回值就是组件对应 ctx。

同时, 如果执行如上操作的语句可以通过模板语法被引用, 则该语句会被 $$invalidate 包裹。在示例 1-3 中, update 方法满足以下条件:

- 包含改变 count 的语句, 比如 count++;
- 可以通过模板语法被引用, 比如作为点击回调函数。

所以在编译后的 update 方法内, "改变 count 的语句"被$$invalidate 方法包裹:

```
// 源代码中的 update 方法
function update() {
  count++;
}

// 编译后 instance 中的 update 方法
function update() {
  $$invalidate(0, count++, count);
}
```

从图 1-8 可知, $$invalidate 方法会执行如下操作:

- 更新 ctx 中保存的自变量的值，比如上面例子中的 count++；
- 标记 dirty，即标记 App UI 中"所有与 count 相关的部分"将会发生变化；
- 调度更新，在微任务中调度本次更新，所有"在同一个宏任务中执行的 $$invalidate"都会在该宏任务执行完成后被统一执行，最终执行组件 fragment 中的 p 方法。

p 方法是示例 1-3 中新的编译产物，除 p 方法外，create_fragment 中已有的方法也会发生相应变化：

```
c() {
  h1 = element("h1");
  // count 的值变为从 ctx 中获取
  t = text(/*count*/ ctx[0]);
},
m(target, anchor) {
  insert(target, h1, anchor);
  append(h1, t);
  // 事件绑定
  dispose = listen(h1, "click", /*update*/ ctx[1]);
},
p(ctx, [dirty]) {
  // set_data 会更新 t 保存的文本节点
  if (dirty & /*count*/ 1) set_data(t, /*count*/ ctx[0]);
},
d(detaching) {
  if (detaching) detach(h1);
  // 事件解绑
  dispose();
}
```

p 方法会执行"$$invalidate 中标记为 dirty 的项"对应的更新函数。在示例 1-3 中，因为 App UI 只引用了自变量 count，所以 p 方法中只有一个 if 语句；如果 UI 引用了多个自变量，经过编译得到的 p 方法就会包含多个 if 语句：

```
// UI 中引用多个自变量
<h1 on:click="{count0++}">{count0}</h1>
```

```
<h1 on:click="{count1++}">{count1}</h1>
<h1 on:click="{count2++}">{count2}</h1>

// 对应 p 方法包含多个 if 语句
p(new_ctx, [dirty]) {
  ctx = new_ctx;
  if (dirty & /*count*/ 1) set_data(t0, /*count*/ ctx[0]);
  if (dirty & /*count1*/ 2) set_data(t2, /*count1*/ ctx[1]);
  if (dirty & /*count2*/ 4) set_data(t4, /*count2*/ ctx[2]);
},
```

在示例 1-3 中，完整的更新步骤如下：

（1）点击 H1 触发点击事件，执行回调函数 update。

（2）在 update 内调用$$invalidate，更新 ctx 中的 count，标记 count 为 dirty，调度更新。

（3）执行 p 方法，方法内"dirty 的项（即 count）对应 if 语句"会执行具体 DOM 操作。

虽然 Svelte 的完整工作流程会复杂得多，但是核心实现就是如此。我们可以直观地感受到，借由模板语法的约束，经过 AOT 的编译优化，Svelte 可以直接建立"自变量与元素的对应关系"。在示例 1-3 中，"自变量 count 的变化"直接对应"p 方法中的一个 if 语句"，Svelte 在运行时省略了"根据自变量变化计算出 UI 变化"这一步骤，使其在执行"细粒度的更新"（比如更新大列表中的某一行）时比"使用 VDOM 的框架"的整体更新路径更短。

1.3.2 Vue3

Vue3 是一款组件级的前端框架，这意味着它会建立"自变量与组件的对应关系"，并在此基础上通过 VDOM 寻找"自变量变化到 UI 变化的关系"。同时，由于 Vue3 使用模板语法描述 UI，因此它可以从 AOT 中受益。Vue3 实现原理如图 1-10 所示。

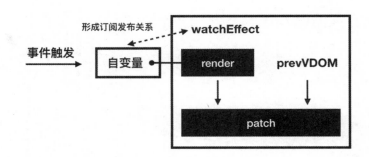

图 1-10　Vue3 实现原理

Vue3 依赖 1.2.1 节介绍的"细粒度更新"建立"自变量与组件的对应关系",在图 1-10 中,watchEffect 的功能与 1.2.1 节实现的 useEffect 类似。接下来通过示例 1-4 说明 Vue3 实现原理。

示例 1-4:
```
<script setup>
  import { ref } from 'vue'
  let count = ref(0);
</script>


<template>
  <h1 @click="count++">{{count}}</h1>
</template>
```

定义自变量 count,设置其初始值为 0,为 H1 绑定点击事件,点击后执行 count++,页面初始渲染为"H1 样式的 0"。

Vue3 会为每个组件都建立如图 1-10 所示的 watchEffect,watchEffect 的回调函数会在"watchEffect 首次执行时"以及"watchEffect 依赖的自变量变化后"执行如下步骤:

(1) 调用组件的 render 函数,生成组件对应 VNode。

示例 1-4 的模板语法经过编译后生成的 render 函数如下:

```
// 模板代码
<h1 @click="count++">{{count}}</h1>


// 编译后生成的 render 函数
```

```
function render(_ctx, _cache, $props, $setup, $data, $options) {
  return (_openBlock(), _createElementBlock("h1", {
    onClick: _cache[0] || (_cache[0] = $event => (_ctx.count++))
  }, _toDisplayString(_ctx.count), 1 /* TEXT */))
}
```

1.2.1 节曾经介绍过，effect 会订阅"其回调函数上下文中执行的所有自变量"，当自变量发生变化后，effect 会重新执行。所以当上述 render 函数执行后，内部的自变量变化（_ctx.count 的变化）会被该 effect 订阅。

（2）在步骤（1）完成后，render 函数的返回值为本次更新的 VNode，它会与上一次更新的 VNode 同时传入 patch 方法，执行 VDOM 相关操作，找到"本次自变量变化导致的元素变化"，并最终执行对应的 DOM 操作。

当点击事件导致 count 发生变化时（执行 count++），Vue3 将执行"订阅 count 变化的 effect 回调函数"，重复以上两个步骤，完成 UI 渲染。完整的对应关系是：

- "自变量变化"对应"effect 回调函数执行"；
- "effect 回调函数执行"对应"组件 UI 更新"；

所以 Vue3 被称为组件级框架。

接下来我们探索 Vue3 如何从 AOT 中受益。模板代码如下：

```
<div>
  <h3>hello</h3>
  <p>{{name}}</p>
</div>
```

模板代码对应的 VNode 会在 patch 方法中一一进行比较，包括：

- DIV 与 DIV 比较；
- H3 与 H3 比较；
- P 与 P 比较。

通过观察发现，该模板中只有 P 元素是可变的，所以其余的比较是无意义的。基于这个思路，上述模板代码经过编译后的 render 函数代码如示例 1-5 所示。

示例 1-5：

```
(_ctx, _cache) => {
```

```
return (_openBlock(), _createElementBlock("div", null, [
  _createElementVNode("h3", null, "hello"),
  _createElementVNode("p", null, _toDisplayString(_ctx.name), 1 /* TEXT */)
]))
}
```

可以看到，P 元素所对应的_createElementVNode 函数第 4 个传参为 1。该参数被称为 PatchFlags，代表该 VNode 是可变的，且不同值代表不同的可变类型，比如：

- 1 代表可变的 textContent；
- 2 代表 class 可变。

render 函数执行后的返回值可参考如下代码，标记为 patchFlag 的可变部分被单独提取到 dynamicChildren 中：

```
const vnode = {
  tag: 'div',
  children: [
    {tag: 'h3', children: 'hello'},
    {tag: 'p', children: ctx.name, patchFlag: 1},
  ],
  dynamicChildren: [
    {tag: 'p', children: ctx.name, patchFlag: 1},
  ]
}
```

当执行 patch 方法时，只需要遍历数组 dynamicChildren，而不需要遍历树状结构的 children。通过减少运行时 VDOM 需要对比的节点，**运行时性能将得到提高**。实际的 patchFlag 会更复杂，比如需要考虑以下因素：

- v-if、v-for 等条件语句造成生成的 VNode 不稳定；
- Fragment 造成子节点不稳定。

1.3.3 React

作为应用级框架，React 的实现原理很简单，如图 1-11 所示。

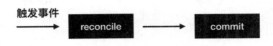

图 1-11 React 的实现原理

按步骤概括为：

（1）触发事件，改变自变量，开启更新流程；

（2）执行 VDOM 相关操作，在 React 中被称为 reconcile；

（3）根据步骤（2）计算出的"需要变化的 UI"执行对应的 UI 操作，在 React 中被称为 commit。

React 被称为应用级框架的原因在于——其每次更新流程都是从应用的根节点开始，遍历整个应用。对比其他框架：

- Vue3 的更新流程开始于组件；
- Svelte 的更新流程开始于元素。

基于这样的实现原理，React 甚至不需要确定哪个自变量发生了变化。由于任何自变量的变化都会开启一次遍历应用的更新流程，因此 React 不需要"细粒度更新"和 AOT。

每次更新都遍历应用，那性能会不会很差？答案是不会，有两方面的原因。一方面，React 内部有优化机制。另一方面，React 为开发者提供了相关 API 用于"减少无意义的遍历过程"，比如 shouldComponentUpdate、React.memo、PureComponent。

为什么 Vue 中不存在这些性能优化 API 呢？显然，组件级框架的定位和 AOT 优化已经减少了大部分无意义的遍历过程。可以说，**由于 React 没有完成这部分性能优化的任务，因此这部分工作交到了开发者手中。**

当然，硬币会有另一面，否则这会是本书的最后一章而不是第 1 章。基于"重运行时"架构，React 拓展了许多使人耳目一新的能力，比如：

- 优先级调度
- Time Slice（时间切片）
- Hooks
- Suspense

在本书的后续章节中，我们会一起探索这套"重运行时"架构，以及构建于该架构之上的高级特性。

1.4 总结

本章我们从公式 UI = f(state) 出发，探索前端框架的分类标准：
- 建立"自变量与元素对应关系"的框架，称为元素级框架。
- 建立"自变量与组件对应关系"的框架，称为组件级框架。
- 建立"自变量与应用对应关系"的框架，称为应用级框架。

要实现不同的对应关系，需要不同的技术。我们介绍了三种主流的技术：
- 用于在运行时建立"自变量与因变量关系"的"细粒度更新"；
- 用于在编译时建立"自变量与因变量关系"的 AOT；
- 用于在运行时实现"根据自变量变化计算出 UI 变化"的 VDOM。

最后，基于以上技术与分类标准，介绍了三款框架的实现原理。如果从"偏向编译时还是运行时"的角度看待框架，会发现：
- Svelte 是极致的编译时框架；
- React 是极致的运行时框架；
- Vue3 同时拥有两者的特性（AOT 和 VDOM），比较均衡。

有了对上述内容的整体认知，才能更深入地理解 React 框架设计，我们首先从 React 的理念开始了解。

第 2 章 React 理念

通过上一章的学习我们已经了解到：React 是一款"重运行时"的应用级框架，这意味着 React 在迭代方向上更偏向"运行时"的特性。本章我们从理念层面学习如下知识：

（1）React 面对的是什么问题？这些问题如何从"运行时"找到解决方案？
（2）React 从 v15 升级到 v16 后，为什么要重构底层架构？
（3）重构后的新架构是如何工作的？
（4）如何快速调试源码？

2.1 问题与解决思路

在 React 官网中，"React 哲学"这一节提到，React 的理念是：

我们认为，React 是用 JavaScript 构建快速响应的大型 Web 应用程序的首选方式。它在 Facebook 和 Instagram 上表现优秀。

实现的关键在于"快速响应"。那么制约"快速响应"的因素是什么呢？我们日常使用 App、浏览网页时，有两类场景会制约"快速响应"：

- 当执行大计算量的操作或者设备性能不足时，页面掉帧，导致卡顿，概括为 CPU 的瓶颈。

- 进行 I/O 操作后，需要等待数据返回才能继续操作，等待的过程导致不能快速响应，概括为 **I/O 的瓶颈**。

React 是如何解决这两类瓶颈的呢？在接下来的两节中，我们从一个问题"为什么执行一段复杂的 JS 代码会使页面卡顿？"出发，复习一下前端的基础知识——浏览器渲染与事件循环。

2.1.1 事件循环

默认情况下，浏览器（以 Chrome 为例）的每个 Tab 页对应一个渲染进程，渲染进程包含主线程、合成线程、I/O 线程等多个线程。主线程的工作非常繁忙，要处理 DOM、计算样式、处理布局、处理事件响应、执行 JS 代码等。事件循环流程图如图 2-1 所示。

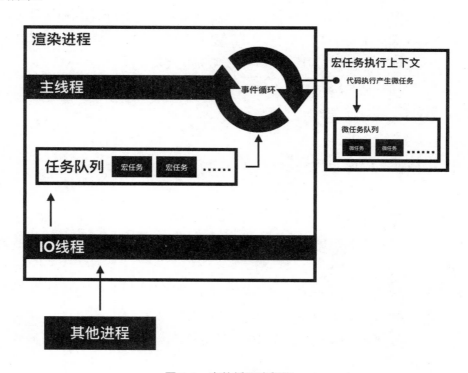

图 2-1　事件循环流程图

这里有两个问题需要解决：

（1）这些任务不仅来自线程内部，也可能来自外部，如何调度这些任务？

（2）在主线程的工作过程中，新任务如何参与调度？

第一个问题的答案是：所有参与调度的任务会加入任务队列中。根据队列"先进先出"的特性，最早加入队列的任务会被优先处理。用伪代码描述如下：

```
// 从任务队列中取出任务
const task = taskQueue.takeTask();
// 执行任务
processTask(task);
```

其他进程通过 IPC 将任务发送给渲染进程的 I/O 线程，I/O 线程再将任务发送给主线程的任务队列，比如：

- 点击鼠标后，浏览器进程通过 IPC 将"点击事件"发送给 I/O 线程，I/O 线程将其发送给任务队列。
- 资源加载完成后，网络进程通过 IPC 将"加载完成事件"发送给 I/O 线程，I/O 线程将其发送给任务队列。

第二个问题的答案是：新任务通过事件循环参与调度。主线程会在循环语句中执行任务。随着循环一直进行，新加入的任务会位于队列末尾，之前加入的任务会被取出执行。用伪代码描述如下：

```
// 退出事件循环的标识
let keepRunning = true;

// 主线程
function MainThread() {
  // 循环执行任务
  while(true) {
    // 从任务队列中取出任务
    const task = taskQueue.takeTask();
    // 执行任务
    processTask(task);
```

```
      if (!keepRunning) {
        break;
      }
    }
}
```

除任务队列外，浏览器还根据 WHATWG 标准实现了延迟队列，用于存放需要被延迟执行的任务（如 setTimeout），伪代码如下：

```
function MainThread() {
  while(true) {
    const task = taskQueue.takeTask();
    processTask(task);

    //执行延迟队列中的任务
    processDelayTask()

    if (!keepRunning) {
      break;
    }
  }
}
```

当本轮循环任务执行完后（即执行完 processTask 后），浏览器将检查是否有延迟任务过期，如果有任务过期则执行（对应 processDelayTask 方法）。由于 processDelayTask 的执行时机在 processTask 之后，因此如果任务的执行时间比较长，就可能导致延迟任务无法按期执行。考虑如下代码：

```
function sayHello() { console.log('hello') }

function test() {
  setTimeout(sayHello, 0);
  for (let i = 0; i < 5000; i++) {
    console.log(i);
  }
}
test()
```

即使延迟任务 sayHello 的延迟时间设置为 0，也需要等待 test 所在任务执行完后才能执行。同时，setTimeout 并不属于 ECMAScript 标准，其规范由 WHATWG 中的 HTML 标准实现。各宿主环境在实现时预设了最小延迟时间，比如在 Chromium 中，最小延迟时间为 4ms。所以 sayHello 的最终延迟时间是大于设定时间的。

加入任务队列的新任务需要等待队列中其他任务都执行完后才能执行，这对于"突发情况下需要优先执行的任务"是不利的。任务队列中的任务被称为宏任务，为了解决时效性问题，在宏任务执行过程中可以产生微任务，保存在该任务执行上下文中的微任务队列中。在宏任务执行结束前，线程会遍历其微任务队列，将该宏任务执行过程中产生的微任务批量执行。

微任务是如何在解决时效性问题的同时兼顾性能呢？举个例子，考虑用于监控 DOM 变化的微任务 API——MutationObserver。当同一个宏任务中发生多次 DOM 变化时，会产生多个 MutationObserver 微任务，其执行时机是"该宏任务执行结束前"，相比于"作为新的宏任务进入队列等待执行"，这种机制更能保证时效性。同时，由于微任务队列内的微任务被批量执行，相比于每次 DOM 变化都同步执行 MutationObserver 回调性能更佳。

前端框架中经常有"将多个自变量变化触发的更新合并为一次执行"的批量更新场景，1.3.1 节讲解的$$invalidate 方法就是利用微任务完成批量更新。框架的类型不同，批量更新的时机也不同，比如 React 的批量更新比较复杂，同时存在宏任务和微任务的场景。

批量更新逻辑会在 5.5 节讲解

2.1.2 浏览器渲染

2.1.1 节介绍的宏任务中，有一类"与渲染相关的任务"，包括：
- DOM：将 HTML 解析为 DOM 树，开发者可以在浏览器控制台输入 document 感

知它的存在。
- Style：解析 CSS，开发者可以在浏览器控制台输入 document.styleSheets 感知它的存在。
- Layout：构建布局树，布局树会移除 DOM 树中不可见的部分，并计算可见部分的几何位置。
- Layer：将页面划分为多个图层，一些层叠上下文 CSS 属性（比如 z-index、opacity、position）、"由于显示不全被裁剪的内容"等会使 DOM 元素形成独立的图层。
- Paint：为每个图层生成包含"绘制信息"的绘制列表，将绘制列表提交给渲染进程的合成线程用于绘制。

注

> 读者可以使用 Chrome 浏览器调试工具中的 Performance 工具直观体验上述任务的执行过程。

执行上述任务的流程被称为渲染流水线。每次执行流水线时，上述所有任务并不一定全部执行，比如：

- 当通过 JS 或 CSS 修改 DOM 元素的几何属性（比如长度、宽度）时，会触发完整的渲染流水线，这种情况称为重排。
- 当修改的属性不涉及几何属性（比如字体颜色）时，会省略流水线中的 Layout、Layer 过程，这种情况称为重绘。
- 当修改"不涉及重排、重绘的属性"（比如 transform 属性）时，会省略流水线中的 Layout、Layer、Paint 过程，仅执行合成线程的绘制工作，这种情况称为合成。

按照"性能高低"对这些流程进行排序：重排<重绘<合成。这也是 CSS 动画性能优于 JS 动画性能的原因，前者可能仅涉及合成，而后者会涉及重排、重绘。

绘制的最终产物是一张图片，这张图片被发送给显卡后即可显示在屏幕上。屏幕的刷新频率通常是 60Hz，即每秒刷新 60 次，每 16.6ms 刷新一次。所以，当屏幕刷新频率与显卡更新频率一致时，用户不会感知到卡顿。

"执行 JS"与渲染流水线同为宏任务，如果 JS 执行时间过长，导致渲染流水线绘制图片的速度跟不上屏幕刷新频率,就会造成页面掉帧,表现为页面卡顿。这就是造成"CPU 瓶颈"的原因。

2.1.3　CPU 瓶颈

在 React 中,最有可能造成 CPU 瓶颈的部分是"VDOM 相关工作",考虑如下代码,渲染 3000 个 LI 元素:

```
function App() {
  const len = 3000;
  return (
    <ul>
      {Array(len).fill(0).map((_, i) => <li>{i}</li>)}
    </ul>
  );
}
```

打印以上代码的调用栈火焰图(如图 2-2 所示),可以看到,这个宏任务的执行时间为 73.65ms,远远大于一帧时间(16.6ms),所以在执行期间会发生掉帧。

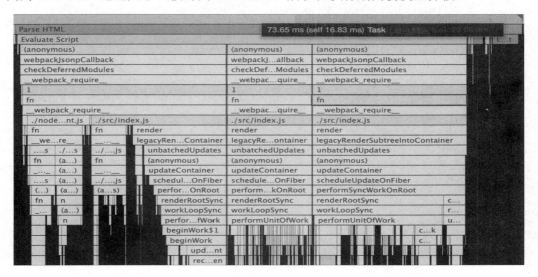

图 2-2　同步执行 VDOM 输出的调用栈火焰图

不同框架在解决"减少运行时代码执行流程"问题时努力的方向不同，在 1.3 节曾经介绍过 Svelte、Vue3 的方向是"利用 AOT 在编译时减少运行时代码流程"。React 作为"重运行时"框架选择在"运行时"寻求解决方案，具体做法是：将 VDOM 的执行过程拆分为一个个独立的宏任务，将每个宏任务的执行时间限制在一定范围内（初始为 5ms）。这样做的结果是一个"会造成掉帧的长任务"被拆解为多个"不会造成掉帧的短宏任务"，以减少掉帧的可能性，这一技术被称为 Time Slice（时间切片）。

上述代码采用 Time Slice 后的调用栈火焰图如图 2-3 所示，长任务被拆解为"时长 5ms 左右的短宏任务"。

图 2-3　采用 Time Slice 执行 VDOM

> 同步更新、采用 Time Slice、采用 Debounced、采用 Throttle 情况下掉帧情况的对比见示例 2-1（仅提供在线示例）。

2.1.4　I/O 瓶颈

对于前端框架开发，最主要的 I/O 瓶颈是网络延迟。如何在网络延迟客观存在的情况下，减少网络延迟对用户的影响？React 给出的答案是：将人机交互的研究成果整合到 UI 中。

举例来说，当用户在文本框中输入内容时，即使从"键盘开始输入"到"文本框显示字符"之间只有轻微的延迟，也会使用户感觉到卡顿。但是当用户点击按钮加载数据时，即使从"点击按钮"到"显示数据"之间会经历数秒加载时间，用户也不会感觉到卡顿。

换言之，人机交互的研究成果表明，用户对不同操作的卡顿的感知程度不同。既然所有操作都是从"自变量变化"开始，那么只要为不同操作赋予不同优先级，按照人机交互的研究成果，优先处理如"鼠标悬停""文本框输入"等用户更易感知的操作，即可在网络延迟客观存在的情况下，在一定程度上减少网络延迟对用户的影响。具体来说，包括以下三个要点：

- 为不同操作造成的"自变量变化"赋予不同优先级；
- 所有优先级统一调度，优先处理"最高优先级的更新"；
- 如果更新正在进行（即进入 VDOM 相关工作），有"更高优先级的更新"产生，则会中断当前更新，优先处理高优先级更新。

要实现上述三个要点，需要 React 底层实现：

- 用于调度优先级的调度器；
- 用于调度器的调度算法；
- 支持可中断的 VDOM 实现。

2.1.3 节介绍的 Time Slice 将 VDOM 工作流程拆分为多个短宏任务。当上一个短宏任务完成后，下一个短宏任务开始前，正是检查"是否应该中断"的时机。所以，不管是从"解决 CPU 的瓶颈"还是"解决 IO 的瓶颈"角度出发，底层诉求都是：实现 Time Slice。

2.2 底层架构的演进

React 从 v15 升级到 v16 后重构了整个架构，v16 及以上版本一直沿用新架构，重构的主要原因在于：旧架构无法实现 Time Slice。

2.2.1 新旧架构介绍

React15 架构可以分为两部分：
- Reconciler（协调器）——VDOM 的实现，负责根据自变量变化计算出 UI 变化。
- Renderer（渲染器）——负责将 UI 变化渲染到宿主环境中。

在 Reconciler 中，mount 的组件会调用 mountComponent，update 的组件会调用 updateComponent，这两个方法都会递归更新子组件，更新流程一旦开始，中途无法中断。基于这个原因，React16 重构了架构。重构后的架构一直沿用至今，可以分为 3 部分：
- Scheduler（调度器）——调度任务的优先级，高优先级任务优先进入 Reconciler。
- Reconciler（协调器）——VDOM 的实现，负责根据自变量变化计算出 UI 变化。
- Renderer（渲染器）——负责将 UI 变化渲染到宿主环境中。

在新架构中，Reconciler 中的更新流程从递归变成了"可中断的循环过程"。每次循环都会调用 shouldYield 判断当前 Time Slice 是否有剩余时间，没有剩余时间则暂停更新流程，将主线程交给渲染流水线，等待下一个宏任务再继续执行，这就是 Time Slice 的实现原理：

```
function workLoopConcurrent() {
  // 一直执行任务，直到任务执行完或中断
  while (workInProgress !== null && !shouldYield()) {
    performUnitOfWork(workInProgress);
  }
}
```

shouldYield 方法如下：

```
function shouldYield() {
  // 当前时间是否大于过期时间
  // 其中 deadline = getCurrentTime() + yieldInterval
  // yieldInterval 为调度器预设的时间间隔，默认为 5ms
  return getCurrentTime() >= deadline;
}
```

过期时间 deadline 在任务执行时被更新为"当前时间+时间间隔"，时间间隔默认为

5ms，这也是图 2-3 中每个 Time Slice 宏任务的时间长度是 5ms 左右的原因。

当 Scheduler 将调度后的任务交给 Reconciler 后，Reconciler 最终会为 VDOM 元素标记各种副作用 flags，比如：

```
// 代表插入或移动元素
export const Placement = 0b0000000000000000000000000010;
// 代表更新元素
export const Update =    0b0000000000000000000000000100;
// 代表删除元素
export const Deletion =  0b0000000000000000000000001000;
```

Scheduler 与 Reconciler 的工作都在内存中进行。只有当 Reconciler 完成工作后，工作流程才会进入 Renderer。

Renderer 根据"Reconciler 为 VDOM 元素标记的各种 flags"执行对应操作，比如，如上三个 flags 在浏览器宿主环境中对应三种 DOM 操作。

下面的示例 2-2 演示了上述三个模块如何配合工作：count 默认值为 0，每次点击按钮执行 count++，UL 中三个 LI 的内容分别为"1、2、3 乘以 count 的结果"。

示例 2-2：
```
export default () => {
  const [count, updateCount] = useState(0);

  return (
    <ul>
      <button onClick={() => updateCount(count + 1)}>乘以{count}</button>
      <li>{1 * count}</li>
      <li>{2 * count}</li>
      <li>{3 * count}</li>
    </ul>
  )
}
```

对应工作流程如图 2-4 所示。

虚线框中的工作流程随时可能由于以下原因被中断：

- 有其他更高优先级任务需要先执行；

- 当前 Time Slice 没有剩余时间；
- 发生错误。

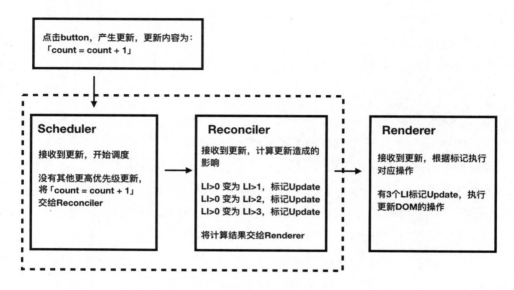

图 2-4　新 React 架构工作流程示例

由于虚线框内的工作都在内存中进行，不会更新宿主环境 UI，因此即使工作流程反复中断，用户也不会看到"更新不完全的 UI"。

2.2.2　主打特性的迭代

随着 React 架构的重构，上层主打特性也随之迭代。按照"主打特性"划分，React 大体经历了四个发展时期：

（1）Sync（同步）；

（2）Async Mode（异步模式）；

（3）Concurrent Mode（并发模式）；

（4）Concurrent Feature（并发特性）。

其中，旧架构对应同步时期。异步模式、并发模式、并发特性三个时期与新架构相关。本节主要讲解异步模式、并发模式、并发特性的演进过程。

2.1 节曾提到"CPU 瓶颈"与"I/O 瓶颈"，React 并不是同时解决这两个问题的。首先解决的是"CPU 瓶颈"，解决方式是"架构重构"（正如 2.2.1 节所述）。重构后 Reconciler 的工作流程从"同步"变为"异步、可中断"。正因如此，这一时期的 React 被称为 Async Mode。

单一更新的工作流程变为"异步、可中断"并不能完全突破"I/O 瓶颈"，解决问题的关键在于"使多个更新的工作流程并发执行"。所以，React 继续迭代为 Concurrent Mode（并发模式）。在 React 中，Concurrent（并发）概念的意义是"使多个更新的工作流程可以并发执行"。

关于 Async Mode 与 Concurrent Mode 的详细对比，参考 5.3 节。

以上便是从 Sync 到 Async Mode 再到 Concurrent Mode 的演进过程。下一节将讲解从 Concurrent Mode 到 Concurrent Feature 的演进过程。

2.2.3 渐进升级策略的迭代

从最初的版本到 v18 版本，React 有多少个版本？从架构角度进行概括，所有 React 版本一定属于如下四种情况之一。

情况 1：旧架构（v15 及之前版本属于这种情况）。

情况 2：新架构，未开启并发更新，与情况 1 行为一致（v16、v17 默认属于这种情况）。

情况 3：新架构，未开启并发更新，但是启用了一些新功能（比如 Automatic Batching）。

情况 4：新架构，已开启并发更新。

Automatic Batching 将在 5.5 节讲解。

React 团队希望：使用旧版本的开发者可以逐步升级到新版本，即从情况 1、2、3 向情况 4 升级。但是升级过程中存在较大阻力，因为在情况 4 下，React 的一些行为与情况 1、2、3 不同。比如以下三个生命周期函数在情况 4 的 React 下是"不安全的"：

- componentWillMount
- componentWillReceiveProps
- componentWillUpdate

强制升级可能造成代码不兼容。为了使 React 的新旧版本之间实现平滑过渡，React 团队采用了"渐进升级"方案。该方案的第一步是规范代码。v16.3 新增了 StrictMode，针对开发者编写的"不符合并发更新规范的代码"给出提示，逐步引导开发者编写规范代码。比如，使用上述"不安全的"生命周期函数时会产生如图 2-5 所示的报错信息。

```
▶Warning: Unsafe lifecycle methods were found within a strict-mode tree:
    in div (created by ExampleApplication)
    in ExampleApplication
componentWillMount: Please update the following components to use componentDidMount instead: ThirdPartyComponent
Learn more about this warning here:
```

图 2-5 StrictMode 下使用不安全生命周期函数报错

下一步，React 团队允许"不同情况的 React"在同一个页面共存，借此使"情况 4 的 React"逐步渗透至原有项目中。具体做法是提供了以下三种开发模式：

（1）Legacy 模式，通过 ReactDOM.render(<App />, rootNode)创建的应用遵循该模式。默认关闭 StrictMode，表现同情况 2。

（2）Blocking 模式，通过 ReactDOM.createBlockingRoot(rootNode).render(<App />)创建的应用遵循该模式，作为从 Legacy 向 Concurrent 过渡的中间模式，默认开启 StrictMode，表现同情况 3。

（3）Concurrent 模式，通过 ReactDOM.createRoot(rootNode).render(<App />)创建的应用遵循该模式，默认开启 StrictMode，表现同情况 4。

三种开发模式支持特性对比如图 2-6 所示。

	Legacy Mode	Blocking Mode	Concurrent Mode
String Refs	✓	⊘**	⊘**
Legacy Context	✓	⊘**	⊘**
findDOMNode	✓	⊘**	⊘**
Suspense	✓	✓	✓
SuspenseList	⊘	✓	✓
Suspense SSR + Hydration	⊘	✓	✓
Progressive Hydration	⊘	✓	✓
Selective Hydration	⊘	⊘	✓
Cooperative Multitasking	⊘	⊘	✓
Automatic batching of multiple setStates	⊘*	✓	✓
Priority-based Rendering	⊘	⊘	✓
Interruptible Prerendering	⊘	⊘	✓
useTransition	⊘	⊘	✓
useDeferredValue	⊘	⊘	✓
Suspense Reveal "Train"	⊘	⊘	✓

图 2-6　三种开发模式支持特性对比

为了使不同模式的应用可以在同一个页面内工作，需要对一些底层实现进行调整。比如：调整之前，大多数事件会统一冒泡到 HTML 元素，调整后则冒泡到"应用所在根元素"。这些调整工作发生在 v17，所以 v17 也被称作"为开启并发更新做铺垫"的"垫脚石"版本。

2021 年 6 月 8 日，v18 工作组成立。在与社区进行大量沟通后，React 团队意识到当前的"渐进升级"策略存在两方面问题。首先，由于模式影响的是整个应用，因此无法在同一个应用中完成渐进升级。举例说明，开发者将应用中 ReactDOM.render 改为 ReactDOM.createBlockingRoot，从 Legacy 模式切换到 Blocking 模式，会自动开启 StrictMode。此时，整个应用的"并发不兼容警告"都会上报，开发者需要修复整个应用中的不兼容代码。从这个角度看，"渐进升级"的目的并没有达到。

其次，React 团队发现：开发者从新架构中获益，主要是由于使用了并发特性，并发特性指"开启并发更新后才能使用的那些 React 为了解决 CPU 瓶颈、I/O 瓶颈而设计的特性"，比如：

- useDeferredValue
- useTransition

所以，React 团队提出新的渐进升级策略——开发者仍可以在默认情况下使用同步更新，在使用并发特性后再开启并发更新。

在 v18 中运行示例 2-3 所示代码，由于 updateCount 在 startTransition 的回调函数中执行（使用了并发特性），因此 updateCount 会触发并发更新。如果 updateCount 没有在 startTransition 的回调函数中执行，那么 updateCount 将触发默认的同步更新。

示例 2-3：
```
const App = () => {
  const [count, updateCount] = useState(0);
  const [isPending, startTransition] = useTransition();

  const onClick = () => {
    // 使用了并发特性 useTransition
    startTransition(() => {
      // 本次更新是并发更新
      updateCount((count) => count + 1);
    });
  };
  return <h3 onClick={onClick}>{count}</h3>;
};
```

读者可以调试在线示例中这两种情况的调用栈火焰图，根据火焰图中观察到的"是否开启 Time Slice"来区分"是否是并发更新"。

所以，**React** 在 **v18** 中不再提供三种开发模式，而是以"是否使用并发特性"作为"是否开启并发更新"的依据。

具体来说，开发者在 v18 中统一使用 ReactDOM.createRoot 创建应用。当不使用并发特性时，表现如情况 3。使用并发特性后，表现如情况 4。

如未做特殊说明，本书内容都是基于 v18 进行讲解。

2.3 Fiber 架构

1.2.3 节在介绍 VDOM 时曾提到 Fiber，它是 VDOM 在 React 中的实现，也是新架构的基础。在开始讲解 Fiber 架构之前，本节将对 React 中的节点类型进行概括，避免读者产生理解上的误差。React 中有三种节点类型：

- React Element（React 元素），即 createElement 方法的返回值，在 1.1.1 节介绍过；
- React Component（React 组件），开发者可以在 React 中定义函数、类两种类型的 Component；
- FiberNode，组成 Fiber 架构的节点类型。

三者的关系如下：

```
// App 是 React Component
const App = () => {
  return <h3>Hello</h3>;
}
// ele 是 React Element
const ele = <App/>;

// 在 React 运行时内部，包含 App 对应 FiberNode
ReactDOM.createRoot(rootNode).render(ele);
```

2.3.1 FiberNode 的含义

FiberNode 包含以下三层含义：

（1）作为架构，v15 的 Reconciler 采用递归的方式执行，被称为 Stack Reconciler。v16 及以后版本的 Reconciler 基于 FiberNode 实现，被称为 Fiber Reconciler。

（2）作为"静态的数据结构"，每个 FiberNode 对应一个 React 元素，用于保存 React 元素的类型、对应的 DOM 元素等信息。

（3）作为"动态的工作单元"，每个 FiberNode 用于保存"本次更新中该 React 元素变化的数据、要执行的工作（增、删、改、更新 Ref、副作用等）"。

作为一个构造函数，FiberNode 中包含很多属性，我们按照上述三层含义来拆分这些属性：

```
// FiberNode 构造函数
function FiberNode(
  tag,
  pendingProps,
  key,
  mode
) {
  this.tag = tag;
  this.key = key;
  this.elementType = null;
  // 省略其他属性，所有属性都以 this.xx 的形式定义
}
```

作为架构，Fiber 架构是由多个 FiberNode 组成的树状结构，FiberNode 之间由如下属性连接：

```
// 指向父 FiberNode
this.return = null;
// 指向第一个子 FiberNode
this.child = null;
// 指向右边的兄弟 FiberNode
this.sibling = null;
```

这里有一个细节，为什么"指向父 FiberNode"的字段叫作 return 而不是 parent 或者 father 呢？因为作为一个工作单元，return 指"FiberNode 执行完 completeWork 后返回的下一个 FiberNode"。子 FiberNode 及其兄弟 FiberNode 执行完 completeWork 后会返回父 FiberNode，所以 return 用来指代父 FiberNode。

注

completeWork 将在 3.4 节讲解。

举例说明，对于如下组件，对应的 Fiber Tree 示例如图 2-7 所示。

```
function App() {
  return (
```

```
    <div>
      Hello
      <span>World</span>
    </div>
  )
}
```

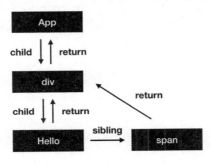

图 2-7　Fiber Tree 示例

由于 React 内部的优化路径,"只有唯一文本节点"的 FiberNode 不会生成独立 FiberNode,因此图 2-7 中没有 span 的子 FiberNode。

作为"静态的数据结构",FiberNode 中保存了从 React 元素中获取的信息:

```
// 对应组件的类型 Function/Class/Host...
this.tag = tag;
// key 属性
this.key = key;
// 大部分情况同 type,某些情况不同,比如 FunctionComponent 使用 React.memo 包裹
this.elementType = null;
// 对于 FunctionComponent,指函数本身
// 对于 ClassComponent,指 class
// 对于 HostComponent,指 DOM tagName(小写形式)
this.type = null;
// FiberNode 对应的元素,比如 FunctionComponent 对应 DOM 元素
this.stateNode = null;
```

作为"动态的工作单元",FiberNode 中保存了"更新相关的信息"。比如,如下三个属性与"本次更新将在 Renderer 中执行的操作"相关:

```
this.flags = NoFlags;
this.subtreeFlags = NoFlags;
this.deletions = null;
```

如下两个属性与"优先级调度"相关：

```
this.lanes = NoLanes;
this.childLanes = NoLanes;
```

如下属性与"Fiber 架构的工作原理"相关，我们会在 2.3.2 节讲解其用法：

```
this.alternate = null;
```

其他属性的含义也会在使用时详细讲解。

2.3.2 双缓存机制

Fiber 架构的工作原理类似于显卡的工作原理。2.1.2 节讲到："绘制的最终产物是一张图片，这张图片被发送给显卡后即可显示在屏幕上"。具体来讲，显卡包含前缓冲区与后缓冲区。对于刷新频率为 60Hz 的显示器，每秒会从前缓冲区读取 60 次图像，将其显示到显示器上。显卡的职责是：合成图像并写入后缓冲区。一旦后缓冲区被写入图像，前后缓冲区就会互换。这种"将数据保存在缓存区再替换"的技术被称为双缓存。

试想如果没有双缓存，对于需要大量计算才能生成的复杂图像，访问一次缓冲区很难读取到完整图像，用户将看到"闪烁、不完全"的图像一部分一部分的显示出来。

对于生产者和消费者供需不一致的场景，**双缓存**是很好的优化手段。Fiber 架构中同时存在两棵 Fiber Tree，一棵是"真实 UI 对应的 Fiber Tree"，可以理解为前缓冲区。另一棵是"正在内存中构建的 Fiber Tree"，可以理解为后缓冲区，宿主环境（比如浏览器）可以类比为显示器。

在源码中，有很多方法接收 current 和 workInProgress 作为参数，比如：

```
// 用于克隆 FiberNode 的方法
function cloneChildFibers(current, workInProgress) {
  // 省略实现
}
```

其中 current 指"前缓冲区中的 FiberNode"，workInProgress 指"后缓冲区中的

FiberNode"。alternate 属性指向"另一个缓冲区中对应的 FiberNode",即：

```
current.alternate === workInProgress;
workInProgress.alternate === current;
```

后文会使用 wip 指代 workInProgress，使用 Current Fiber Tree 指代"前缓冲区的 Fiber Tree"，使用 Wip Fiber Tree 指代"后缓冲区的 Fiber Tree"。

接下来，我们分别从 mount（首次渲染）和 update（更新）两个角度讲解 Fiber 架构的工作原理。

2.3.3　mount 时 Fiber Tree 的构建

mount 时有两种情况：

（1）整个应用的首次渲染，这种情况发生在首次进入页面时；

（2）某个组件的首次渲染。当 isShow 为 true 时，Btn 组件进入 mount 流程，此时 Btn 组件所在应用可能处于 update 流程，代码如下：

```
{isShow ? <Btn/> : null}
```

本节探讨的 mount 属于上述第 1 种情况，但过程也适用于上述第 2 种情况。

mount 时 Fiber Tree 的构建过程如下：

（1）创建 fiberRootNode（上述第 2 种情况没有该步骤）；

（2）创建 tag 为 3 的 FiberNode，代表 HostRoot，后文称该 FiberNode 为 HostRootFiber（上述第 2 种情况没有该步骤）；

（3）从 HostRootFiber 开始，以 DFS（Depth-First-Search，深度优先搜索）的顺序生成 FiberNode；

（4）在遍历过程中，为 FiberNode 标记"代表不同副作用的 flags"，以便后续在 Renderer 中使用。

本节及下节通过示例 2-4 进行讲解。

示例 2-4：

```
function App() {
```

```
  const [num, add] = useState(0);
  return <p onClick={() => add(num + 1)}>{num}</p>;
}
const rootElement = document.getElementById("root");
ReactDOM.createRoot(rootElement).render(<App />);
```

HostRoot 代表"应用在宿主环境挂载的根节点",在示例 2-4 中为 rootElement。HostRootFiber 代表"HostRoot 对应的 FiberNode"。

FiberRootNode 负责管理该应用的全局事宜,比如:

- Current Fiber Tree 与 Wip Fiber Tree 之间的切换;
- 应用中任务的过期时间;
- 应用的任务调度信息。

执行 ReactDOM.createRoot 会创建如图 2-8 所示结构。

FiberRootNode.current 指向 Current Fiber Tree 的根节点,当前仅有一个 HostRootFiber,对应"首屏渲染时仅有根节点的空白页面":

```
<body>
  <div id="root"></div>
</body>
```

mount 流程会基于每个 React 元素"以 DFS 的顺序"依次生成 wip fiberNode,并连接起来构成 Wip Fiber Tree,如图 2-9 所示。

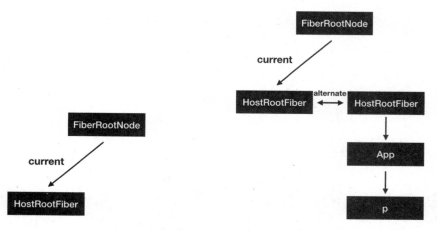

图 2-8　执行 ReactDOM.createRoot 后创建的数据结构　　图 2-9　mount 时构建 Wip Fiber Tree

生成 wip fiberNode 时会复用 Current Fiber Tree 中的同级节点，在 mount 流程中，只有 HostRootFiber 存在对应节点，由 alternate 连接。

当 Wip Fiber Tree 生成完毕后，FiberRootNode 会被传递给 Renderer，根据过程中标记的"副作用有关 flags"执行对应操作。

> 标记 flags 会在 3.3.2 节讲解。

当 Renderer 完成工作后，代表"Wip Fiber Tree 对应的 UI"已经渲染到宿主环境中，此时 FiberRootNode.current 指向 Wip HostRootFiber，完成双缓存的切换工作，曾经的 Wip Fiber Tree 变为 Current Fiber Tree，如图 2-10 所示。

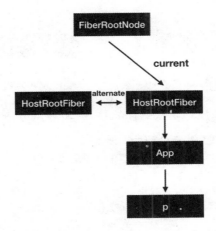

图 2-10　mount 时双缓存 Fiber Tree 切换

> 切换操作相关代码将在 4.1 节讲解。

2.3.4　update 时 Fiber Tree 的构建

点击示例 2-4 中的 P 元素，触发更新，这一操作会开启 update 流程，生成一棵新的 Wip Fiber Tree，如图 2-11 所示。

与 mount 流程类似，最终 Renderer 完成工作后，FiberRootNode.current 会再次切换，如图 2-12 所示。

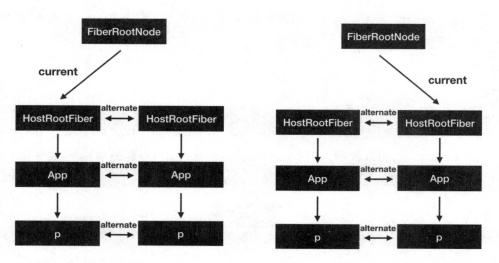

图 2-11　update 时构建 Wip Fiber Tree　　图 2-12　update 时双缓存 Fiber Tree 切换

这就是 Fiber 的工作原理。值得一提的是，开发者可以在一个页面中创建多个应用，比如如下代码会在页面中创建 3 个应用。此时，会存在 3 个 FiberRootNode，以及最多 6 棵 Fiber Tree：

```
ReactDOM.createRoot(rootElement1).render(<App1 />);
ReactDOM.createRoot(rootElement2).render(<App2 />);
ReactDOM.createRoot(rootElement3).render(<App3 />);
```

2.4　调试 React 源码

本节我们来了解"调试 React 源码"相关准备工作。除官方调试方式外，还有一种为本书读者定制的便捷调试方式。

2.4.1 仓库结构概览

首先来了解 React 仓库的结构。作为一个 monorepo，除配置文件和隐藏目录外，React 根目录还包含三个目录：

- fixtures：包含一些为开发者准备的小型 React 测试项目；
- packages：所有与 React 相关的包存放于此；
- scripts：各种工具链的脚本，比如 git、jest、eslint 等。

packages 目录中保存有"所有与 React 相关的包"。随着 React 的版本升级，packages 目录会持续变化。所以，我们只介绍该目录下"包的分类依据"及几个"与本书关联较深的包"。packages 目录中的包可以分为如下三类。

第一类，Renderer 相关的包。这些包对应不同的宿主环境，比如：

- react-art，对接 Canvas、SVG 或 VML（IE8）；
- react-dom，对接浏览器和 SSR（Server-Side Rendering，服务端渲染）；
- react-native-renderer，对接 Native 环境；
- react-noop-renderer，用于 debug Fiber；
- react-test-renderer，渲染成 JS 对象，用于测试。

第二类，试验性的功能。React 将自身架构中的一部分抽离出来，形成"可以独立使用的包"，由于它们是试验性质的，因此不建议在生产环境中使用，比如：

- react-server，创建自定义 SSR 流；
- react-client，自定义的流数据模型；
- react-interactions，用于测试交互相关的内部特性，比如 React 的事件模型；
- react-reconciler，即 Fiber Reconciler。

第三类，辅助功能。React 将一些辅助功能抽离出单独的包。比如：

- react-fetch，用于数据请求；
- react-is，用于测试"组件是否是某种类型"；
- react-refresh，用于在 React 中使用 Fast Refresh（类似"热重载"，在运行时调试 React Component 不会丢失状态）特性；

- create-subscription，用于在组件内订阅 React 外部数据源。

与本书关联较深的包如下：

- react，包含全局 React API 的所有核心模块，比如：
  - React.createElement
  - React.Component
  - React.Children

这些 API 是所有宿主环境通用的，不包含 ReactDOM、ReactNative 等环境特有的代码。

- scheduler，调度器实现，将在第 5 章讲解。
- shared，保存"源码中其他模块公用的方法和全局变量"，比如在 shared/ReactSymbols.js 中保存"元素类型的定义"：

```
export let REACT_ELEMENT_TYPE = 0xeac7;
export let REACT_PORTAL_TYPE = 0xeaca;
export let REACT_FRAGMENT_TYPE = 0xeacb;
// 省略其他代码
```

- react-reconciler，虽然它是一个试验性的包，开发者使用的 React 中并不会直接引用这个包，但是会引入包中的很多方法，Fiber 架构就包含在其中。我们会在第 3 章详细介绍。

在 3.6 节，我们会使用 react-reconciler 实现一个简易的 ReactDOM Renderer。

2.4.2 以本书推荐方式调试源码

本节学习两种调试源码的方式，一种是官方方式，另一种是为本书读者定制的便捷方式。

官方方式主要是为"想为 React 贡献代码的人"准备的，整体步骤比较严谨。对于以"学习源码"为目的的读者，推荐的调试方式仓库地址见示例 2-5（仅提供在线示例）。

这种方式有如下特点：

（1）调试信息清晰，所有 React 内的关键步骤都以"日志"的形式打印在控制台，并使用不同颜色区分不同的调用阶段；

（2）方便调试、修改源码，采用 Vite 构建，对源码的修改会热更新；

（3）丰富的示例，针对多种场景提供示例。

要使用这种方式，首先需要根据"示例 2-5 的提示"将仓库克隆到本地，安装依赖后在入口 main.tsx 中选择要调试的示例。比如调试 render 阶段的运行流程，可以选择 RenderPhaseDemo。在这个示例中，与 render 阶段相关的"源码中的关键步骤"会在控制台打印。

```
// import App from './demo/bailoutDemo';
// import App from './demo/RenderPhaseDemo';
// import App from './demo/BailoutDemo/step1';
// import App from './demo/DiffDemo/v4';
// import App from './demo/Performance/demo2';
// import App from './demo/ErrorCatchDemo';
// ...省略其他示例
```

bindHook 方法用于"注册要打印的源码中的关键步骤"，使用方式如下：

```
// 注册"当 beginWork 执行时会触发的回调函数"
bindHook('beginWork', (current, wip) => {
  // 使用内置的打印方法打印相关信息
  log(RENDER_COLOR, 'beginWork', 'beginWork 执行了');
})
```

本书讲解的 React 版本及"推荐的调试方式"都基于 v18 Beta 版本，两者配合使用不会有版本差异造成的代码差异。

2.4.3 以官方方式调试源码

最常见的构建 React 项目的方式是使用 create-react-app（后文简称 CRA），但是 React 仓库 main 分支的代码经过构建产生的 React 与使用 CRA 创建的项目的

node_modules 目录下的 React 相比是有区别的。因为 React 的新代码都是直接提交到 main 分支，而 CRA 内的 React 使用的是稳定版的包，所以调试最新版本的 React 代码应遵循以下步骤：

（1）从 React 仓库 main 分支拉取最新源码，仓库地址见示例 2-5；

（2）基于最新源码构建 react、scheduler、react-dom 三个包。

首先安装依赖：

```
# 进入 react 源码所在文件夹
cd react
# 安装依赖
yarn
```

将 react、scheduler、react-dom 3 个包打包为"DEV 环境可以使用的 cjs 包"：

```
yarn build react/index,react/jsx,react-dom/index,scheduler --type=NODE
```

注

打包时常见的报错是"没有安装 Java"和网络原因造成的连接超时。

执行上述打包命令后，源码目录 build/node_modules 下会生成最新代码的包。接下来为 react、react-dom 创建 yarn link，修改项目中依赖包的目录指向：

```
cd build/node_modules/react
# 声明 react 指向
yarn link
cd build/node_modules/react-dom
# 声明 react-dom 指向
yarn link
```

（3）通过 CRA 创建测试项目，并使用"步骤 2 创建的包"作为项目依赖的包。

接下来我们通过 CRA 在其他目录中创建新项目。假设项目名为 a-react-demo：

```
npx create-react-app a-react-demo
```

在新项目中，将 react 与 react-dom 两个包指向 react 项目下刚才生成的包：

```
# 将项目内的 react react-dom 指向之前声明的包
yarn link react react-dom
```

请读者尝试在 react/build/node_modules/react-dom/cjs/react-dom.development.js 中随

意打印一些内容。在 a-react-demo 项目下执行 yarn start，可以发现浏览器控制台已经可以输出我们打印的内容。

通过以上方法，使项目中的 React 与 main 分支代码达成一致。

2.5 总结

前端框架需要突破 CPU 瓶颈与 I/O 瓶颈。由于 React 是一款"重运行时"框架，因此突破瓶颈的思路是从运行时着手，这要求底层架构支持 Time Slice。为了支持 Time Slice，React 从"同步更新的 Stack Reconciler"升级为"支持 Time Slice 的 Fiber Reconciler"。

Fiber Reconciler 采用双缓存的更新机制。对于每个应用，同时存在两棵 Fiber Tree，Current Fiber Tree 对应真实 UI，Wip Fiber Tree 对应"正在内存中构建的 UI"。

到目前为止，我们已经完成理念篇的学习，接下来将进入架构篇，深入了解源码的实现细节。第 3 章将系统介绍 Fiber Reconciler 的工作细节。

第 2 篇
架构篇

- ❖ 第 3 章　render 阶段
- ❖ 第 4 章　commit 阶段
- ❖ 第 5 章　schedule 阶段

第 3 章

render 阶段

从本章开始,我们进入架构篇的学习。Reconciler 工作的阶段在 React 内部被称为 render 阶段,ClassComponent 的 render 函数、Function Component(后文将简称为 FC)函数本身都在该阶段被调用。

根据 Scheduler 调度的结果不同,render 阶段可能开始于 performSyncWorkOnRoot(同步更新流程)或 performConcurrentWorkOnRoot(并发更新流程)方法。

> 注
>
> 调度相关知识将在第 5 章讲解。

这两个方法会分别执行如下方法:

```
// performSyncWorkOnRoot 会执行该方法
function workLoopSync() {
  while (workInProgress !== null) {
    performUnitOfWork(workInProgress);
  }
}

// performConcurrentWorkOnRoot 会执行该方法
function workLoopConcurrent() {
```

```
while (workInProgress !== null && !shouldYield()) {
  performUnitOfWork(workInProgress);
}
}
```

workInProgress 变量（简称 wip）代表"'生成 Fiber Tree'工作已经进行到的 wip fiberNode"。performUnitOfWork 方法会创建下一个 fiberNode 并赋值给 wip，并将 wip 与已创建的 fiberNode 连接起来构成 Fiber Tree。wip === null 代表"Fiber Tree 的构建工作结束"。上述两个方法的唯一区别是"是否调用 shouldYield（是否可中断）"。这部分内容在 2.2.1 节介绍 Time Slice 时已讲解过。

3.1 流程概览

Fiber Reconciler 是从 Stack Reconciler 重构而来，通过遍历的方式实现可中断的递归，因此 performUnitOfWork 的工作可以分为两部分："递"和"归"。

"递"阶段会从 HostRootFiber 开始向下以 DFS 的方式遍历，为"遍历到的每个 fiberNode"执行 beginWork 方法。该方法会根据传入的 fiberNode 创建下一级 fiberNode，有以下两种情况。

（1）下一级只有一个元素，这时 beginWork 方法会创建子 fiberNode，并与 wip 连接。

考虑如下 JSX 情况，如果 wip 为"UL 对应 fiberNode"，则会创建"LI 对应 fiberNode"，同时两者产生连接：

```
// JSX 情况
<ul><li></li></ul>

// 子 fiberNode 与父 fiberNode 通过 return 连接
LIFiber.return = ULFiber;
```

（2）下一级有多个元素，这时 beginWork 方法会依次创建所有子 fiberNode 并连接在一起，为首的子 fiberNode 会与 wip 连接。

考虑如下 JSX 情况，如果 wip 为"UL 对应 fiberNode"，则会创建 3 个"LI 对应 fiberNode"，同时产生连接：

```
// JSX 情况
<ul>
  <li></li>
  <li></li>
  <li></li>
</ul>

// 子 fiberNode 依次连接
LI0Fiber.sibling= LI1Fiber;
LI1Fiber.sibling= LI2Fiber;

// 为首的子 fiberNode 与父 fiberNode 连接
LI0Fiber.return = ULFiber;
```

当遍历到叶子元素（不包含子 fiberNode）时，performUnitOfWork 就会进入"归"阶段。

"归"阶段会调用 completeWork 方法处理 fiberNode。当某个 fiberNode 执行完 completeWork 方法后，如果其存在兄弟 fiberNode（fiberNode.sibling !== null），会进入其兄弟 fiberNode 的"递"阶段。如果不存在兄弟 fiberNode，则进入父 fiberNode 的"归"阶段。"递"阶段和"归"阶段会交错执行直至 HostRootFiber 的"归"阶段。至此，render 阶段的工作结束。以图 2-7 举例，render 阶段会依次执行：

```
1. HostRootFiber beginWork（生成 App fiberNode）
2. App fiberNode beginWork（生成 DIV fiberNode）
3. DIV fiberNode beginWork（生成'Hello'、SPAN fiberNode）
4. 'Hello' fiberNode beginWork（叶子元素）
5. 'Hello' fiberNode completeWork
6. SPAN fiberNode beginWork（叶子元素）
7. SPAN fiberNode completeWork
8. DIV fiberNode completeWork
9. App fiberNode completeWork
10. HostRootFiber completeWork
```

如果将 performUnitOfWork 方法改写为"递归"版本，代码大致如下：

```
function performUnitOfWork(fiberNode) {
```

```
  // 省略执行 beginWork 工作
  if (fiberNode.child) {
    performUnitOfWork(fiberNode.child);
  }
  // 省略执行 completeWork 工作
  if (fiberNode.sibling) {
    performUnitOfWork(fiberNode.sibling);
  }
}
```

在接下来的两节中，我们将深入了解 beginWork 和 CompleteWork 方法，探索 mount 和 update 时的工作流程。

读者可以参考示例 3-1（仅提供在线示例）调试 Reconciler 的工作流程。

3.2 beginWork

beginWork 工作流程如图 3-1 所示。

首先判断当前流程属于 mount 还是 update 流程，判断依据为"Current fiberNode 是否存在"：

```
if (current !== null) {
  //省略 update 流程
}
```

如果当前流程是 update 流程，则 wip fiberNode 存在对应的 Current fiberNode。如果本次更新不影响 fiberNode.child，则可以复用对应的 Current fiberNode，这是一条 render 阶段的优化路径。

优化路径将在 6.5 节讲解。

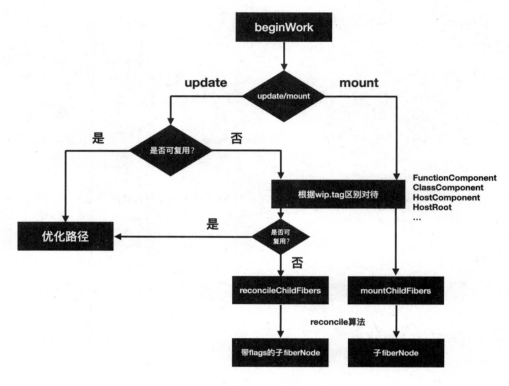

图 3-1 beginWork 工作流程

如果无法复用 Current fiberNode，则 mount 与 update 的流程大体一致，包括：

（1）根据 wip.tag 进入"不同类型元素的处理分支"。

（2）使用 reconcile 算法生成下一级 fiberNode。

两个流程的区别在于"最终是否会为'生成的子 fiberNode'标记'副作用 flags'"。

 注

> reconcile 算法将在第 7 章讲解。

beginWork 方法代码结构如下：

```
function beginWork(
  current,
  workInProgress,
  renderLanes
```

```
) {
  if (current !== null) {
    // 省略代码update 时判断是否可复用
  } else {
    // 省略代码
  }

  // 根据tag不同，进入不同处理逻辑
  switch (workInProgress.tag) {
    case IndeterminateComponent:
      // 省略代码
    case LazyComponent:
      // 省略代码
    case FunctionComponent:
      // 省略代码
    case ClassComponent:
      // 省略代码
    case HostRoot:
      // 省略代码
    case HostComponent:
      // 省略代码
    case HostText:
      // 省略代码
    // 省略其他类型
  }
}
```

可以看出，不同类型的 fiberNode 会进入不同的处理逻辑。其中：

- HostComponent 代表原生 Element 类型（比如 DIV、SPAN）；
- IndeterminateComponent 是 FC mount 时进入的分支，update 时则进入 FunctionComponent 分支；
- HostText 代表文本元素类型。

如果常见类型（比如 FunctionComponent、ClassComponent、HostComponent）没有命中优化策略，它们最终会进入 reconcileChildren 方法。从该函数名可以发现这是

Reconciler 模块的核心部分，代码如下：

```
export function reconcileChildren(
  current,
  workInProgress,
  nextChildren,
  renderLanes
) {
  if (current === null) {
    // mount 时
    workInProgress.child = mountChildFibers(
      workInProgress,
      null,
      nextChildren,
      renderLanes,
    );
  } else {
    // update 时
    workInProgress.child = reconcileChildFibers(
      workInProgress,
      current.child,
      nextChildren,
      renderLanes,
    );
  }
}
```

mountChildFibers 与 reconcileChildFibers 方法都是 ChildReconciler 方法的返回值：

```
// 两者的区别只是传参不同
var reconcileChildFibers = ChildReconciler(true);
var mountChildFibers = ChildReconciler(false);

function ChildReconciler(shouldTrackSideEffects) {
  // 省略代码实现
}
```

传参 shouldTrackSideEffects 代表"是否追踪副作用，即是否标记 flags"。在执行 mountChildFibers 时，以其内部的 placeChild 方法举例：

```
// 标记"要插入 UI"的 fiberNode
function placeChild(newFiber, lastPlacedIndex, newIndex) {
  newFiber.index = newIndex;

  if (!shouldTrackSideEffects) {
    // 不标记 Placement
    newFiber.flags |= Forked;
    return lastPlacedIndex;
  }
  // 省略代码
  // 标记 Placement
  newFiber.flags |= Placement;
}
```

由于 shouldTrackSideEffects 为 false，即使该 fiberNode 执行了 placeChild，也不会被标记 Placement，因此在 Renderer 中不会对"该 fiberNode 对应 DOM 元素"执行"插入页面"的操作。reconcileChildFibers 中会标记的 flags 主要与元素位置相关，包括：

- 标记 ChildDeletion，代表删除操作；
- 标记 Placement，代表插入或移动操作。

读者可能会疑惑，如果 mountChildFibers 不标记 flags，mount 时如何完成 UI 渲染？这个问题留到介绍 completeWork 流程时再解答。

3.3　React 中的位运算

前面的章节中多次提到 flags。所有 flags 都在 packages/react-reconciler/src/ReactFiberFlags.js 中定义，以 Int32（32 位有符号整数）的形式参与运算。"标记 flags"的本质是二进制数的位运算。比如上节介绍的 placeChild 中：

```
// 打上 Placement 标记
```

```
newFiber.flags |= Placement;
```

位运算可以很方便地表达"增、删、查、改"。在 React 内部，不仅 flags，涉及状态、优先级的操作都大量使用了位运算。除 React 外，我们在 1.3.1 节中介绍的 Svelte 在"标记 dirty"时也会用到位运算。本节主要介绍"基本的三种位运算"以及它们在 React 中的应用。

3.3.1 基本的三种位运算

按位与（&），如果两个二进制操作数的每个 bit 都为 1，则结果为 1，否则为 0。举例说明，计算 3 & 2，首先将操作数转化为 Int32：

```
// 3 对应的 Int32
0b000 0000 0000 0000 0000 0000 0000 0011
// 2 对应的 Int32
0b000 0000 0000 0000 0000 0000 0000 0010
```

计算结果转化为浮点数后为 2：

```
  0b000 0000 0000 0000 0000 0000 0000 0011
& 0b000 0000 0000 0000 0000 0000 0000 0010
-----------------------------------------
  0b000 0000 0000 0000 0000 0000 0000 0010
```

按位或（|），如果两个二进制操作数的每个 bit 都为 0，则结果为 0，否则为 1。举例说明，计算 10 | 3：

```
  0b000 0000 0000 0000 0000 0000 0000 1010
| 0b000 0000 0000 0000 0000 0000 0000 0011
-----------------------------------------
  0b000 0000 0000 0000 0000 0000 0000 1011
```

计算结果转化为浮点数后为 11。

按位非（~），对一个二进制操作数逐位进行取反操作（0、1 互换）。举例说明，计算~3，将 3 转化为 Int32 后逐位取反：

```
// 3 对应的 Int32
```

```
0b000 0000 0000 0000 0000 0000 0000 0011
// 逐位取反
0b111 1111 1111 1111 1111 1111 1111 1100
```

计算结果转化为浮点数后为-4（如果对这个结果有疑惑，读者可以自行了解补码相关知识）。

3.3.2 位运算在"标记状态"中的应用

React 源码内部有多个上下文环境，在执行方法时经常需要判断"当前处于哪个上下文环境中"：

```
// 未处于 React 上下文
const NoContext      = /*            */ 0b0000;
// 处于 batchedUpdates 上下文
const BatchedContext = /*            */ 0b0001;
// 处于 render 阶段
const RenderContext  = /*            */ 0b0010;
// 处于 commit 阶段
const CommitContext  = /*            */ 0b0100;
```

batchedUpdates 是一种性能优化手段，将在 5.5 节讲解。

当执行流程进入 render 阶段，会使用按位或标记进入对应上下文：

```
let executionContext = NoContext;
executionContext |= RenderContext;
```

执行过程如下：

```
  0b000 0000 0000 0000 0000 0000 0000 0000  // NoContext
| 0b000 0000 0000 0000 0000 0000 0000 0010  // RenderContext
--------------------------------------------
  0b000 0000 0000 0000 0000 0000 0000 0010
```

此时可以结合按位与和 NoContext 来判断"是否处在某一上下文中"：

```
// 是否处在 RenderContext 上下文中，结果为 true
(executionContext & RenderContext) !== NoContext

// 是否处在 CommitContext 上下文中，结果为 false
(executionContext & CommitContext) !== NoContext
```

离开 RenderContext 上下文后，结合按位与、按位非移除标记：

```
// 从当前上下文中移除 RenderContext 上下文
executionContext &= ~RenderContext;

// 是否处在 RenderContext 上下文中，结果为 false
(executionContext & RenderContext) !== NoContext
```

执行过程如下：

```
  0b000 0000 0000 0000 0000 0000 0000 0010  // executionContext
& 0b111 1111 1111 1111 1111 1111 1111 1101  // ~RenderContext
-----------------------------------------
  0b000 0000 0000 0000 0000 0000 0000 0000
```

3.4　completeWork

与 beginWork 类似，completeWork 也会根据 wip.tag 区分对待，流程大体包括两个步骤：

（1）创建或者标记元素更新；

（2）flags 冒泡。

beginWork 的 reconcileChildFibers 方法用来"标记 fiberNode 的插入、删除、移动"。completeWork 方法的步骤（1）会完成"更新的标记"。当完成步骤（1）后，该 fiberNode 在本次更新中的增、删、改操作均已标记完成。至此，Reconciler 中"标记 flags"相关工作基本完成。但是距离在 Renderer 中"解析 flags"还有一项很重要的工作要做，这就是 flags 冒泡。

3.4.1 flags 冒泡

当更新流程经过 Reconciler 后，会得到一棵 Wip Fiber Tree，其中部分 fiberNode 被标记 flags。Renderer 需要对"被标记的 fiberNode 对应的 DOM 元素"执行"flags 对应的 DOM 操作"。那么如何高效地找到这些散落在 Wip Fiber Tree 各处的"被标记的 fiberNode"呢？这就是 flags 冒泡的作用。

我们知道，completeWork 属于"归"阶段，从叶子元素开始，整体流程是"自下而上"的。fiberNode.subtreeFlags 记录了该 fiberNode 的"所有子孙 fiberNode 上被标记的 flags"。每个 fiberNode 经由如下操作，可以将子孙 fiberNode 中"标记的 flags"向上冒泡一层：

```
let subtreeFlags = NoFlags;

// 收集子 fiberNode 的子孙 fiberNode 中标记的 flags
subtreeFlags |= child.subtreeFlags;
// 收集子 fiberNode 标记的 flags
subtreeFlags |= child.flags;
// 附加在当前 fiberNode 的 subtreeFlags 上
completedWork.subtreeFlags |= subtreeFlags;
```

当 HostRootFiber 完成 completeWork，整棵 Wip Fiber Tree 中所有"被标记的 flags"都在 HostRootFiber.subtreeFlags 中定义。在 Renderer 中，通过任意一级 fiberNode.subtreeFlags 都可以快速确定"该 fiberNode 所在子树是否存在副作用需要执行"。

注

> Fiber 架构的早期版本采用被称为 Effects List 的链表结构标记"包含副作用的 fiberNode"，Effects List 被 subtreeFlags 替代的原因将在 4.1.2 节解释。

3.4.2 mount 概览

这里以 HostComponent（原生 DOM 元素对应的 fiberNode 类型）为例讲解 completeWork 流程，如图 3-2 所示。

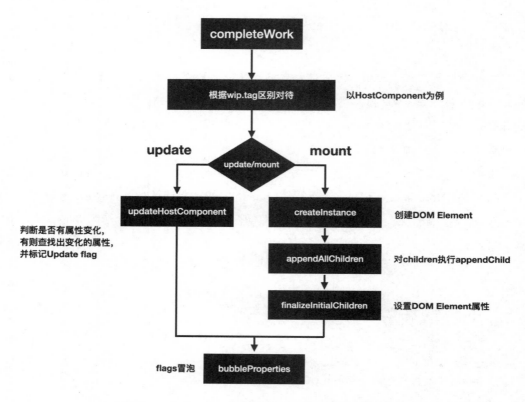

图 3-2　completeWork 流程（以 HostComponent 为例）

与 beginWork 相同，completeWork 通过 current !== null 判断是否处于 update 流程。在 mount 流程中，其首先通过 createInstance 方法创建 "fiberNode 对应的 DOM 元素"：

```
function createInstance(type, props, rootContainerInstance, hostContext,
internalInstanceHandle) {
  // 省略代码
  if (typeof props.children === 'string' || typeof props.children ===
'number') {
    // 省略children是String、Number时的特殊处理
  }
  // 创建DOM Element
  const domElement = createElement(type, props, rootContainerInstance,
parentNamespace);
```

```
  // ...省略
  return domElement;
}
```

然后执行 appendAllChildren 方法，将下一层 DOM 元素插入"createInstance 方法创建的 DOM 元素"中，具体逻辑为：

（1）从当前 fiberNode 向下遍历，将遍历到的第一层 DOM 元素类型（HostComponent、HostText）通过 appendChild 方法插入 parent 末尾；

（2）对兄弟 fiberNode 执行步骤（1）；

（3）如果没有兄弟 fiberNode，则对父 fiberNode 的兄弟执行步骤（1）；

（4）当遍历流程回到最初执行步骤（1）所在层或者 parent 所在层时终止。

相关代码如下：

```
appendAllChildren = function (parent, workInProgress, /* 省略参数 */) {
  let node = workInProgress.child;

  while (node !== null) {
    // 步骤1, 向下遍历, 对第一层 DOM 元素执行 appendChild
    if (node.tag === HostComponent || node.tag === HostText) {
      // 对 HostComponent、HostText 执行 appendChild
      appendInitialChild(parent, node.stateNode);
    } else if (node.child !== null) {
      // 继续向下遍历, 直到找到第一层 DOM 元素类型
      node.child.return = node;
      node = node.child;
      continue;
    }
    // 终止情况1:遍历到 parent 对应 FiberNode
    if (node === workInProgress) {
      return;
    }
    // 如果没有兄弟 fiberNode, 则向父 fiberNode 遍历
    while (node.sibling === null) {
      // 终止情况2:回到最初执行步骤1所在层
```

```
    if (node.return === null || node.return === workInProgress) {
      return;
    }
    node = node.return;
  }
  // 对兄弟 fiberNode 执行步骤 1
  node.sibling.return = node.return;
  node = node.sibling;
  }
};
```

以图 2-7 举例，执行 appendAllChildren 方法的 fiberNode 依次为：

1. SPAN fiberNode，此时 node === null，退出（虽然第一个进入 completeWork 的是 'Hello' fiberNode，但它不是 HostComponent，所以不执行 appendAllChildren）
2. DIV fiberNode，此时 node 为 'Hello' fiberNode
   2.1 HTMLDivElement.appendChild('Hello' textNode)
   2.2 node 为 SPAN fiberNode（即 'Hello' fiberNode.sibling）
   2.3 HTMLDivElement.appendChild(HTMLSpanElement)

当执行完以上步骤后，一个离屏 DOM 元素被构建，其结构如下：

```
<div>
  "Hello"
  <span>World</span>
</div>
```

可以发现，appendAllChildren 方法与 flags 冒泡类似，都是"处理某个元素的下一级元素"。flags 冒泡处理的是"下一级 flags"，appendAllChildren 处理的是"下一级 DOM 元素类型"。appendAllChildren 方法中存在复杂的遍历过程，是因为 **fiberNode 的层级与 DOM 元素的层级可能不是一一对应的**。举例说明，World 组件如下：

```
function World() {
  return <span>World</span>
}
```

使用 World 组件的场景如下：

```
<div>
  Hello
```

```
   <World/>
</div>
```

从 fiberNode 的角度看，"Hello" fiberNode 与 World fiberNode 同级。

但是从 DOM 元素的角度看，"Hello" TextNode 与 HTMLSpanElement 同级。所以从 fiberNode 中查找同级的 DOM 元素，可能需要跨 fiberNode 层级查找。

completeWork 流程接下来会执行 finalizeInitialChildren 方法完成属性的初始化，包括如下几类属性：

- styles，对应 setValueForStyles 方法；
- innerHTML，对应 setInnerHTML 方法；
- 文本类型 children，对应 setTextContent 方法；
- 不会在 DOM 中冒泡的事件，包括 cancel、close、invalid、load、scroll、toggle，对应 listenToNonDelegatedEvent 方法；
- 其他属性，对应 setValueForProperty 方法。

最后，执行 bubbleProperties 方法将 flags 冒泡。completeWork 在 mount 时的流程总结如下：

（1）根据 wip.tag 进入不同处理分支；

（2）根据 current !== null 区分 mount 与 update 流程；

（3）对于 HostComponent，首先执行 createInstance 方法创建对应的 DOM 元素；

（4）执行 appendAllChildren 将下一级 DOM 元素挂载在步骤（3）创建的 DOM 元素下；

（5）执行 finalizeInitialChildren 完成属性初始化；

（6）执行 bubbleProperties 完成 flags 冒泡。

现在来回答在 3.2.1 节中提出的问题：如果 mountChildFibers 不标记 flags，mount 时如何完成 UI 渲染？

由于 appendAllChildren 方法的存在，当 completeWork 执行到 HostRootFiber 时，已经形成一棵完整的离屏 DOM Tree。再观察图 2-9，mount 时构建 Wip Fiber Tree，并不是所有 fiberNode 都不存在 alternate。由于 HostRootFiber 存在 alternate（即 HostRootFiber.current!== null），因此 HostRootFiber 在 beginWork 时会进入

reconcileChildFibers 而不是 mountChildFibers，它的子 fiberNode 会被标记 Placement。

Renderer 发现本次更新流程中存在一个 Placement flag，执行一次 parentNode.appendChild（或 parentNode.insertBefore），即可将已经构建好的离屏 DOM Tree 插入页面。试想，如果 mountChildFibers 也会标记 flags，那么对于"首屏渲染"这样的初始化场景，就需要执行大量 parentNode.appendChild（或 parentNode.insertBefore）方法。相比之下，**离屏构建后再执行一次插入**的性能更佳。

3.4.3 update 概览

本节基于 HostComponent 讨论 completeWork 的 update 流程。既然 mount 流程完成了属性的初始化，那么 update 流程显然将完成标记属性的更新。updateHostComponent 的主要逻辑在 diffProperties 方法中，该方法包括两次遍历：

- 第一次遍历，标记删除"更新前有，更新后没有"的属性；
- 第二次遍历，标记更新"update 流程前后发生改变"的属性。

相关代码如下：

```
function diffProperties(domElement, tag, lastRawProps, nextRawProps, rootContainerElement) {
  // 保存变化属性的 key、value
  let updatePayload = null;
  // 更新前的属性
  let lastProps;
  // 更新后的属性
  let nextProps;

  // 省略代码

  // 标记删除"更新前有，更新后没有"的属性
  for (propKey in lastProps) {
    if (nextProps.hasOwnProperty(propKey) || !lastProps.hasOwnProperty(propKey) || lastProps[propKey] == null) {
```

```
      continue;
    }

    // 处理 style
    if (propKey === STYLE) {
      // 省略代码
    } else {
      // 其他属性
      (updatePayload = updatePayload || []).push(propKey, null);
    }
  }

  // 标记更新"update 流程前后发生改变"的属性
  for (propKey in nextProps) {
    let nextProp = nextProps[propKey];
    let lastProp = lastProps != null ? lastProps[propKey] : undefined;

    if (!nextProps.hasOwnProperty(propKey) || nextProp === lastProp ||
nextProp == null && lastProp == null) {
      continue;
    }

    if (propKey === STYLE) {
      // 省略处理 style
    } else if (propKey === DANGEROUSLY_SET_INNER_HTML) {
      // 省略处理 innerHTML
    } else if (propKey === CHILDREN) {
      // 省略处理单一文本类型的 children
    } else if (registrationNameDependencies.hasOwnProperty(propKey)) {
      if (nextProp != null) {
        // 省略处理 onScroll 事件
      } else {
        // 省略处理其他属性
      }
    }
  }
```

```
// 省略代码
return updatePayload;
}
```

所有变化属性的 key、value 会保存在 fiberNode.updateQueue 中。同时，该 fiberNode 会标记 Update：

```
workInProgress.flags |= Update;
```

在 fiberNode.updateQueue 中，数据以 key、value 作为数组的相邻两项。举例说明，点击 DIV 元素触发更新，此时 style、title 属性发生变化：

```
export default () => {
  const [num, updateNum] = useState(0);
  return (
    <div
      onClick={() => updateNum(num + 1)}
      style={{color: `#${num}${num}${num}`}}
      title={num + ''}
    >
    </div>
  )
}
```

此时 fiberNode.updateQueue 保存的数据如下，代表"title 属性变为 '1'"，"style 属性中的 color 变为 '#111'"：

```
["title", "1", "style", {"color": "#111"}]
```

3.5 编程：ReactDOM Renderer

2.4.1 节介绍过，react-reconciler 是独立的包。本节将使用这个包构建一个简易的 ReactDOM Renderer。了解其原理后，读者可以在"任何可以绘制 UI 的环境"中利用 react-reconciler 实现该环境下的 React。由于 react-reconciler 没有官方 API 文档，且不同版本 API 有差异，读者利用本节所学知识使用 react-reconciler 时应使用相同版本（v0.26.2）。

首先，通过 CRA 建立新项目（或用已有项目）：

```
npx create-react-app reactdom-demo
```

新建 customRenderer.js，引入 react-reconciler 并完成初始化。其中 hostConfig 是宿主环境的配置项，后续我们将完善配置项：

```
import ReactReconciler from 'react-reconciler';
// 宿主环境的配置项
const hostConfig = {};
// 初始化 ReactReconciler
const ReactReconcilerInst = ReactReconciler(hostConfig);
```

执行 customRenderer.js 导出一个"包含 render 方法的对象"：

```
export default {
  // render 方法
  render: (reactElement, domElement, callback) => {
    // 创建根节点
    if (!domElement._rootContainer) {
      domElement._rootContainer = ReactReconcilerInst.createContainer(domElement, false);
    }
    return ReactReconcilerInst.updateContainer(reactElement, domElement._rootContainer, null, callback);
  }
};
```

在项目入口文件中，将 ReactDOM 替换成 CustomRenderer：

```
import ReactDOM from 'react-dom';
import CustomRenderer from './customRenderer';

// 替换 ReactDOM
CustomRenderer.render(
  <App />,
  document.getElementById('root')
);
```

然后，实现 hostConfig 配置，填充空函数，避免应用因缺失必要函数而报错：

```
const hostConfig = {
```

```
  supportsMutation: true,
  getRootHostContext() {},
  getChildHostContext() {},
  prepareForCommit() {},
  resetAfterCommit() {},
  shouldSetTextContent() {},
  createInstance() {},
  createTextInstance() {},
  appendInitialChild() {},
  finalizeInitialChildren() {},
  clearContainer() {},
  appendChild() {},
  appendChildToContainer() {},
  prepareUpdate() {},
  commitUpdate() {},
  commitTextUpdate() {},
  removeChild() {}
}
```

仔细观察会发现，前面的章节中曾经介绍过其中一些 API，比如 createInstance、appendInitialChild、finalizeInitialChildren，这里需要逐一实现。

注意唯一的 Boolean 类型的配置项 supportsMutation，它表示"宿主环境的 API 是否支持 Mutation"。DOM API 的工作方式属于 Mutation，比如 element.appendChild、element.removeChild。Native 环境的 API 则不支持这种工作方式。

这里将这些 API 分为 4 类：

- 初始化环境信息

比如 getRootHostContext、getChildHostContext，用于初始化上下文信息。

- 创建 DOM Node

比如 createInstance 用于创建 DOM 元素。createTextInstance 用于创建 DOM TextNode，其实现如下：

```
createTextInstance: (text) => {
  return document.createTextNode(text);
```

}
```

- 关键逻辑的判断

shouldSetTextContent 用于判断"组件的 children 是否为文本节点",实现如下:

```
shouldSetTextContent: (_, props) => {
    return typeof props.children === 'string' || typeof props.children === 'number';
}
```

- DOM 操作

appendInitialChild 用于"插入 DOM 元素",对应 Placement flag,实现如下:

```
appendInitialChild: (parent, child) => {
  parent.appendChild(child);
}
```

removeChild 用于"删除子 DOM 元素",对应 ChildDeletion flag,实现如下:

```
removeChild(parentInstance, child) {
  parentInstance.removeChild(child);
}
```

当实现所有 API 后,页面即可正常渲染。customRenderer.js 的完整实现见示例 3-2。

示例 3-2:

```
import ReactReconciler from "react-reconciler";

const hostConfig = {
  getRootHostContext: () => {
    return {};
  },
  getChildHostContext: () => {
    return {};
  },
  prepareForCommit: () => true,
  resetAfterCommit: () => {},
  shouldSetTextContent: (_, props) => {
    return (
      typeof props.children === "string" || typeof props.children === "number"
```
```

```
    );
  },
  createInstance: (
    type,
    newProps,
    rootContainerInstance,
    _currentHostContext,
    workInProgress
  ) => {
    const domElement = document.createElement(type);
    Object.keys(newProps).forEach((propName) => {
      const propValue = newProps[propName];
      if (propName === "children") {
        if (typeof propValue === "string" || typeof propValue === "number") {
          domElement.textContent = propValue;
        }
      } else if (propName === "onClick") {
        domElement.addEventListener("click", propValue);
      } else if (propName === "className") {
        domElement.setAttribute("class", propValue);
      } else {
        const propValue = newProps[propName];
        domElement.setAttribute(propName, propValue);
      }
    });
    return domElement;
  },
  createTextInstance: (text) => {
    return document.createTextNode(text);
  },
  finalizeInitialChildren: () => {},
  clearContainer: () => {},
  appendInitialChild: (parent, child) => {
    parent.appendChild(child);
  },
```

```
  appendChild(parent, child) {
    parent.appendChild(child);
  },
  supportsMutation: true,
  appendChildToContainer: (parent, child) => {
    parent.appendChild(child);
  },
  prepareUpdate(domElement, oldProps, newProps) {
    return true;
  },
  commitUpdate(domElement, updatePayload, type, oldProps, newProps) {
    Object.keys(newProps).forEach((propName) => {
      const propValue = newProps[propName];
      if (propName === "children") {
        if (typeof propValue === "string" || typeof propValue === "number") {
          domElement.textContent = propValue;
        }
      } else {
        const propValue = newProps[propName];
        domElement.setAttribute(propName, propValue);
      }
    });
  },
  commitTextUpdate(textInstance, oldText, newText) {
    textInstance.text = newText;
  },
  removeChild(parentInstance, child) {
    parentInstance.removeChild(child);
  }
};
const ReactReconcilerInst = ReactReconciler(hostConfig);

export default {
  render: (reactElement, domElement, callback) => {
    // 创建 root container
```

```
  if (!domElement._rootContainer) {
    domElement._rootContainer = ReactReconcilerInst.createContainer(
      domElement,
      false
    );
  }

  // 更新 root Container
  return ReactReconcilerInst.updateContainer(
    reactElement,
    domElement._rootContainer,
    null,
    callback
  );
 }
};
```

通过本节的编码，相信读者能够更直观地感受到 Reconciler 与 Renderer 之间如何互相配合，完成渲染工作。

3.6 总结

本章我们学习了 Reconciler 的工作流程，它会采用 DFS 的顺序构建 Wip Fiber Tree。整个过程可以划分为"递"与"归"两个阶段，分别对应 beginWork 与 completeWork 方法。

beginWork 会根据当前 fiberNode 创建下一级 fiberNode，在 update 时标记 Placement（新增、移动）、ChildDeletion（删除）。completeWork 在 mount 时会构建 DOM Tree，初始化属性，在 update 时标记 Update（属性更新），最终执行 flags 冒泡。

当最终 HostRootFiber 完成 completeWork 时，Reconciler 的工作流程结束。此时我们得到了：

- 代表本次更新的 Wip Fiber Tree。
- 被标记的 flags。

HostRootFiber 对应的 FiberRootNode 会被传递给 Renderer 进行下一阶段工作。

第 4 章

commit 阶段

Renderer 工作的阶段被称为 commit 阶段。在 commit 阶段，会将各种副作用（flags 表示）commit（提交）到宿主环境 UI 中，可以类比"在使用 Git 管理代码时，编写完毕后 commit 代码"这一过程。本章以前端工程师最常用的 Renderer——ReactDOM 举例，讲解 commit 阶段工作流程。

注

读者可以使用示例 4-1（仅提供在线示例）调试 commit 阶段流程。

render 阶段流程可能被打断，而 commit 阶段一旦开始就会同步执行直到完成。整个阶段可以分为三个子阶段：

- BeforeMutation 阶段
- Mutation 阶段
- Layout 阶段

commit 阶段流程如图 4-1 所示。

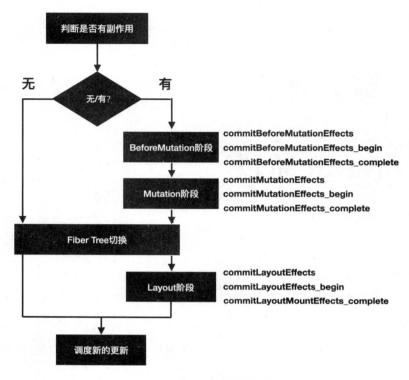

图 4-1 commit 阶段流程

4.1 流程概览

commit 阶段的起点开始于 commitRoot 方法的调用：

```
commitRoot(root);
```

其中：

- root 代表"本次更新所属 FiberRootNode"；
- root.finishedWork 代表 Wip HostRootFiber，即"render 阶段构建的 Wip Fiber Tree 的 HostRootFiber"。

在三个子阶段执行之前，需要判断本次更新是否涉及"与三个子阶段相关的副作用"，逻辑如下：

```
const subtreeHasEffects = (finishedWork.subtreeFlags
  & (BeforeMutationMask | MutationMask | LayoutMask | PassiveMask))
    !== NoFlags;
const rootHasEffect = (finishedWork.flags
  & (BeforeMutationMask | MutationMask | LayoutMask | PassiveMask))
    !== NoFlags;

if (subtreeHasEffects || rootHasEffect) {
  //省略进入三个子阶段
} else {
  //省略本次更新没有三个子阶段的副作用
}
```

其中 subtreeHasEffects 代表 "Wip HostRootFiber 的子孙元素存在的副作用 flags"，rootHasEffect 代表 "Wip HostRootFiber 本身存在的副作用 flags"。所以当 Wip HostRootFiber 或其子孙存在副作用 flags 时，会进入三个子阶段，否则会跳过三个子阶段。再来观察与 subtreeHasEffects 相关的 mask（掩码）：

```
const BeforeMutationMask = Update | Snapshot;
const MutationMask = Placement | Update | ChildDeletion | ContentReset
| Ref | Hydrating | Visibility;
const LayoutMask = Update | Callback | Ref | Visibility;
const PassiveMask = Passive | ChildDeletion;
```

每个 mask 由 "与该阶段相关的副作用 flags" 组合而成。比如 BeforeMutationMask 由 Update 与 Snapshot 组成，代表 "BeforeMutation 阶段与这两个 flags 相关"。由于 Snapshot 是 "ClassComponent 存在更新，且定义了 getSnapshotBeforeUpdate 方法" 后才会设置的 flags，因此可以判断 BeforeMutation 阶段会执行 getSnapshotBeforeUpdate 方法。

这里提供以上所有 flags 的部分含义供参考。

- Update：ClassComponent 存在更新，且定义了 componentDidMount 或 componentDidUpdate 方法；HostComponent 发生属性变化；HostText 发生内容变化；FC 定义了 useLayoutEffect。

- Snapshot：ClassComponent 存在更新，且定义了 getSnapshotBeforeUpdate 方法。

- Placement：当前 fiberNode 或子孙 fiberNode 存在 "需要插入或移动的

HostComponent 或 HostText"。
- ChildDeletion：有"需要被删除的子 HostComponent 或子 HostText"。
- ContentReset：清空 HostComponent 的文本内容。
- Ref：HostComponent ref 属性的创建与更新。
- Hydrating：hydrate 相关。
- Visibility：控制 SuspenseComponent 的子树与 fallback 切换时子树的显隐。
- Callback：当 ClassComponent 中的 this.setState 执行时，或 ReactDOM.render 执行时传递了回调函数参数。
- Passive：FC 中定义了 useEffect 且需要触发回调函数。

通过概括上述 flags 的含义，读者可以大体了解每个子阶段要做的工作。比如：MutationMask 包含的 flags 大多是"与 UI 相关的副作用"，所以 UI 相关操作发生在 Mutation 阶段。

当 Mutation 阶段完成"UI 相关副作用"后，根据双缓存机制，会执行如下代码完成 Current Fiber Tree 的切换：

```
root.current = finishedWork;
```

当 Layout 阶段执行完（或被跳过）时，基于如下原因会开启新的调度：
- commit 阶段触发了新的更新，比如在 useLayoutEffect 回调中触发更新；
- 有遗留的更新未处理。

4.1.1 子阶段的执行流程

如果说 render 阶段的 completeWork 会完成"自下而上"的 subtreeFlags 标记过程，那么 commit 阶段的三个子阶段会完成"自下而上"的 subtreeFlags 消费过程。具体来说，每个子阶段的执行过程都遵循三段式（将下文的 XXX 替换为子阶段名称，即对应子阶段执行的函数）。

1. commitXXXEffects

入口函数，finishedWork 会作为 firstChild 参数传入，代码如下：

```
function commitXXXEffects(root, firstChild) {
  nextEffect = firstChild;
  // 省略标记全局变量
  commitXXXEffects_begin();
  // 省略重置全局变量
}
```

将 firstChild 赋值给全局变量 nextEffect，执行 commitXXXEffects_begin。

2. commitXXXEffects_begin

向下遍历直到"第一个满足如下条件之一的 fiberNode"：

- 当前 fiberNode 的子 fiberNode 不包含"该子阶段对应的 flags"，即当前 fiberNode 是"包含该子阶段对应 flags"的"层级最低"的 fiberNode；
- 当前 fiberNode 不存在子 fiberNode，即当前 fiberNode 是叶子元素。

接下来，对目标 fiberNode 执行 commitXXXEffects_complete，代码如下：

```
function commitXXXEffects_begin() {
  while (nextEffect !== null) {
    let fiber = nextEffect;
    let child = fiber.child;

    // 省略该子阶段的一些特有操作

    if ((fiber.subtreeFlags & XXXMask) !== NoFlags && child !== null) {
      // 省略辅助方法
      // 省略向下遍历
      nextEffect = child;
    } else {
      // 执行具体操作的方法
      commitXXXEffects_complete();
    }
  }
}
```

对于一些子阶段，在 commitXXXEffects_begin 向下遍历过程中还会执行"该子阶段特有的操作"，这部分内容将在介绍子阶段时讲解。

3. commitXXXEffects_complete

执行"flags 对应操作"的函数，包含三个步骤：

- 对当前 fiberNode 执行"flags 对应操作"，即执行 commitXXXEffectsOnFiber；
- 如果当前 fiberNode 存在兄弟 fiberNode，则对兄弟 fiberNode 执行 commitXXXEffects_begin；
- 如果不存在兄弟 fiberNode，则对父 fiberNode 执行 commitXXXEffects_complete。

代码如下：

```
function commitXXXEffects_complete(root) {
  while (nextEffect !== null) {
    let fiber = nextEffect;

    try {
      commitXXXEffectsOnFiber(fiber, root);
    } catch (error) {
      // 错误处理
      captureCommitPhaseError(fiber, fiber.return, error);
    }
    let sibling = fiber.sibling;

    if (sibling !== null) {
      // 省略辅助方法
      nextEffect = sibling;
      return;
    }
    nextEffect = fiber.return;
  }
}
```

综上所述，子阶段的遍历会以 DFS 的顺序，从 HostRootFiber 开始向下遍历到第一个满足如下条件的 fiberNode：

```
(fiber.subtreeFlags & XXXMask) === NoFlags || child === null
```

再从该 fiberNode 向上遍历直到 HostRootFiber（HostRootFiber.return === null）为止，在遍历过程中会执行"flags 对应操作"。

4.1.2 Effects list

Fiber 架构的早期版本并没有使用 subtreeFlags，而是使用一种被称为 Effects list 的链表结构保存"被标记副作用的 fiberNode"。在 completeWork 中，如果 fiberNode 存在副作用，就会被插入 Effects list 中。commit 阶段的三个子阶段只需遍历 Effects list 并对 fiberNode 执行"flags 对应操作"。

比如，图 4-2 中的 fiberNode B、C、E 存在副作用，在 completeWork 中，它们会被 Effects list 链表串联。如果将 Fiber Tree 比喻为圣诞树，那么 Effects list 就像圣诞树上的彩灯链：

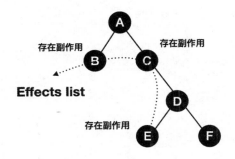

图 4-2 Effects list

既然遍历链表（Effects list）比遍历树（subtreeFlags）更高效，那么 React v18（下文简称 v18）为什么会用 subtreeFlags 替换 Effects list 呢？这是因为虽然 subtreeFlags 遍历子树的操作需要比 Effects list 遍历更多节点，但是 v18 中 Suspense 的行为恰恰需要遍历子树。Suspense 是 React v16 就已经提供的功能。但在 v18 开启并发更新后，Suspense 与之前版本的行为是有区别的。在相关讨论中：

- "未开启并发更新时的 Suspense"被称为 Legacy Suspense；
- "开启并发更新时的 Suspense"被称为 Concurrent Suspense。

回顾"是否开启并发更新"带来的区别如下：

- 未开启并发更新时，一次 render 阶段对应一次 commit 阶段；
- 开启并发更新后，render 阶段可能被打断，一次或多次 render 阶段对应一次

commit 阶段。

接下来，我们通过示例 4-2 展示"是否开启并发更新"对 Suspense 的影响。

示例 4-2：
```
<Suspense fallback={<h3>loading...</h3>}>
  <LazyCpn />
  <Sibling />
</Suspense>
```

其中 LazyCpn 是使用 React.lazy 包裹的异步加载组件。Sibling 代码如下：

```
function Sibling() {
  useEffect(() => {
    console.log("Sibling effect");
  }, []);

  return <h1>Sibling</h1>;
}
```

Suspense 会等待"子孙组件中异步的部分"加载完毕后统一渲染，并在加载期间渲染 fallback，UI 显示为：

```
<h3>loading...</h3>
```

这对于 LazyCpn 没有问题，但是 Sibling 并不是异步的。这就体现了新旧 Suspense 行为的差异。在开启并发更新前，虽然 LazyCpn 的加载导致 Suspense 渲染 fallback，但是并不会阻止 Sibling 渲染，也不会阻止 Sibling 中 useEffect 回调的执行，控制台还是会打印"Sibling effect"（Sibling useEffect 回调执行的结果）。同时，为了在 UI 上显示 **Sibling 没有渲染**，**Sibling** 对应的 DOM 元素会被设置 **display: none**：

```
<div id="root">
  <h1 style="display: none !important;">Sibling</h1>
  <h3>loading...</h3>
</div>
```

这只是一种取巧的解决办法。根据 Suspense 的理念，如果子孙组件有异步加载的内容，应该只渲染 fallback，而不是同时渲染"非异步加载的部分"，但会设置 display: none。所以 Concurrent Suspense 针对 Suspense 内"不显示的子树"进行了单独的处理，既不会渲染设置 display: none 的内容，也不会执行 useEffect 回调：

```
<div id="root">
  <h3>loading...</h3>
</div>
```

要实现这部分处理，需要改变 commit 阶段的遍历方式，即将 Effects list 重构为 subtreeFlags。

4.2 错误处理

React 提供了两个与"错误处理"相关的 API。
- getDerivedStateFromError：静态方法，当错误发生后，提供一个机会渲染 fallback UI。
- componentDidCatch：组件实例方法，当错误发生后，提供一个机会记录错误信息。

使用这两个 API 的 ClassComponent 通常被称为 Error Boundaries（错误边界）。在 Error Boundaries 的子孙组件中发生的所有"React 工作流程内的错误"都会被 Error Boundaries 捕获，React 工作流程指：
- render 阶段
- commit 阶段

读者可以使用示例 4-3（仅提供在线示例）调试错误处理工作流程。

A、B、C 作为 Error Boundaries 的子孙组件，其中发生的 React 工作流程内的错误，都会被 Error Boundaries 中的 componentDidCatch 方法记录，代码如下：

```
class ErrorBoundary extends Component {
  componentDidCatch(e) {
    console.warn("发生错误", e);
  }
  render() {
    return <div>{this.props.children}</div>;
  }
}
```

```
}

const App = () => (
  <ErrorBoundary>
    <A><B/></A>
    <C/>
  </ErrorBoundary>
)
```

根据官方文档，有四类错误不会被 Error Boundaries 捕获，这里通过已有信息分析这四类错误不会被捕获的原因，具体如下。

（1）事件回调中的错误。

点击触发 handleClick，抛出的错误不会被 Error Boundaries 捕获，代码如下：

```
const B = () => {
  const handleClick = () => {
    throw new Error("错误发生")
  };
  return <div onClick={handleClick}>Hello</div>;
}
```

从两个角度来分析：

- 从"源码执行流程"角度看，事件回调不属于 React 工作流程，所以不会被捕获。
- 从"设计动机"角度看，Error Boundaries 的设计目的是"避免错误发生导致 UI 显示不完全"。只有 commit 阶段才会造成 UI 改变（具体来说是 Mutation 子阶段），所以事件回调内抛出的错误不会导致 UI 改变。

（2）异步代码，比如 setTimeout、requestAnimationFrame 回调。

异步代码不属于 React 工作流程，所以不会被捕获。

（3）Server side rendering。

SSR 不属于 React 工作流程，所以不会被捕获。

（4）在 Error Boundaries 所属 Component 内发生的错误。

Error Boundaries 只会捕获子孙组件发生的 React 工作流程内的错误。

那么 Error Boundaries 如何捕获 React 工作流程内的错误呢？完整的错误处理流程

如图 4-3 所示，整体分为三个阶段：
- 捕获错误；
- 构造 callback；
- 执行 callback。

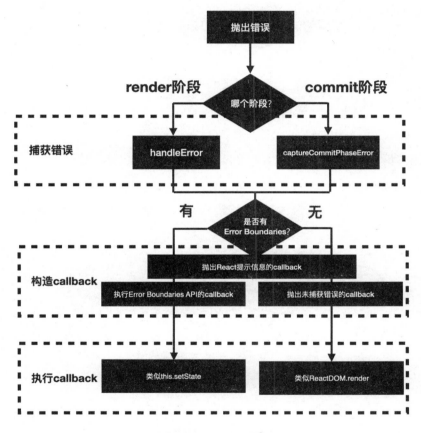

图 4-3 错误处理流程

4.2.1 捕获错误

本节介绍"工作流程中的错误都是何时被捕获的"。render 阶段的核心代码如下，发生的错误会被捕获并交由 handleError 处理：

```
do {
  try {
    // 对于并发更新则是 workLoopConcurrent
    workLoopSync();
    break;
  } catch (thrownValue) {
    handleError(root, thrownValue);
  }
} while (true);
```

commit 阶段包含很多工作，比如：

- 执行三个子阶段的 commitXXXEffectsOnFiber；
- 执行 componentDidMount/Update；
- 绑定/解绑 ref；
- 执行 useEffect/useLayoutEffect callback 与 destroy。

这些工作会以如下形式执行，发生的错误会被捕获并交由 captureCommitPhaseError 处理：

```
try {
  // 省略执行某项工作
} catch (error) {
  captureCommitPhaseError(fiber, fiber.return, error);
}
```

4.2.2 构造 callback

可以发现，即使不存在 Error Boundaries，工作流程中的错误也已经被 React 捕获。接下来正确的逻辑应该是：

- 如果存在 Error Boundaries，执行对应方法；
- 抛出 React 错误提示信息，包括提示语和错误堆栈信息，如图 4-4 所示；
- 如果不存在 Error Boundaries，抛出"未捕获的错误"。

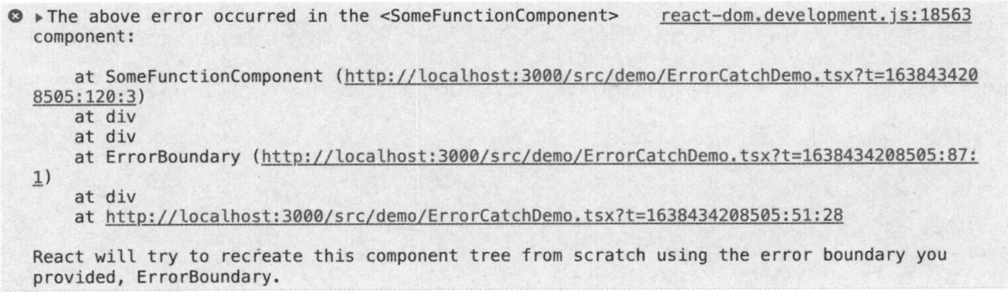

```
⊗ ▶The above error occurred in the <SomeFunctionComponent>    react-dom.development.js:18563
  component:
        at SomeFunctionComponent (http://localhost:3000/src/demo/ErrorCatchDemo.tsx?t=163843420
  8505:120:3)
        at div
        at div
        at ErrorBoundary (http://localhost:3000/src/demo/ErrorCatchDemo.tsx?t=1638434208505:87:
  1)
        at div
        at http://localhost:3000/src/demo/ErrorCatchDemo.tsx?t=1638434208505:51:28

  React will try to recreate this component tree from scratch using the error boundary you
  provided, ErrorBoundary.
```

图 4-4 React 错误提示信息

不管是 handleError 还是 captureCommitPhaseError，都会从"发生错误的 fiberNode 的父 fiberNode"开始，逐层向上遍历，寻找最近的 Error Boundaries。一旦找到，就会执行 createClassErrorUpdate 方法，构造如下两个 callback：

- 用于"执行 Error Boundaries API"的 callback；
- 用于"抛出 React 提示信息"的 callback。

```
function createClassErrorUpdate(/*省略参数*/) {
  // 为了增加代码可读性，逻辑有删减
  if (typeof getDerivedStateFromError === 'function') {
    // 用于执行 getDerivedStateFromError 的 callback
    update.payload = () => {
      return getDerivedStateFromError(error);
    };
    // 用于抛出 React 提示信息的 callback
    update.callback = () => {
      logCapturedError(fiber, errorInfo);
    };
  }
  if (inst !== null && typeof inst.componentDidCatch === 'function') {
    // 用于执行 componentDidCatch 的 callback
    update.callback = function callback() {
      this.componentDidCatch(error);
    };
  }
  return update;
}
```

如果没有找到 Error Boundaries，则继续向上遍历直到 HostRootFiber，并执行 createRootErrorUpdate 方法构造 callback，在 callback 内抛出"未捕获的错误"及"React 的提示信息"：

```
function createRootErrorUpdate(/*省略参数*/) {
  // 省略代码
  // 用于抛出"未捕获的错误"及"React 的提示信息"的 callback
  update.callback = () => {
    onUncaughtError(error);
    logCapturedError(fiber, errorInfo);
  };
  return update;
}
```

4.2.3 执行 callback

构造好的 callback 将在什么时候执行？React 中有两个"执行用户自定义 callback"的 API：

- 对于 ClassComponent，this.setState(newState, callback) 中的 newState 和 callback 参数都能传递"函数类型参数"作为 callback。

对于 Error Boundaries，类似于触发了一次如下所示的更新，这也是 Error Boundaries 属于 ClassComponent 特性的原因：

```
this.setState(() => {
  // 用于执行 getDerivedStateFromError 的 callback
}, () => {
  // 用于执行 componentDidCatch 的 callback
  // 以及用于抛出 React 提示信息的 callback
})
```

- 对于 HostRoot，执行 ReactDOM.render(element, container, callback) 时，第三个参数 callback 接收一个回调函数作为"commit 阶段完成后执行的回调函数"。

对于"不存在 Error Boundaries"情况下发生的流程内错误，类似于执行了如下函数：

```
ReactDOM.render(element, container, () => {
  // 用于抛出"未捕获的错误"及"React 的提示信息"的 callback
})
```

这些 callback 会在适当的时机执行，完成"错误处理"的逻辑。

4.3 BeforeMutation 阶段

BeforeMutation 阶段的主要工作发生在 commitBeforeMutationEffects_complete 中的 commitBeforeMutationEffectsOnFiber 方法中，代码如下：

```
function commitBeforeMutationEffectsOnFiber(finishedWork) {
  const current = finishedWork.alternate;
  const flags = finishedWork.flags;

  // 省略代码
  // 处理包含 Snapshot flag 的 fiberNode
  if ((flags & Snapshot) !== NoFlags) {
    switch (finishedWork.tag) {
      // 省略其他不会处理的类型
      case ClassComponent: {
        if (current !== null) {
          const prevProps = current.memoizedProps;
          const prevState = current.memoizedState;
          const instance = finishedWork.stateNode;

          // 执行 getSnapshotBeforeUpdate
          const snapshot = instance.getSnapshotBeforeUpdate(
            finishedWork.elementType === finishedWork.type
              ? prevProps
              : resolveDefaultProps(finishedWork.type, prevProps),
            prevState,
          );
        }
        break;
```

```
    }
    case HostRoot: {
      // 清空 HostRoot 挂载的内容，方便 Mutation 阶段渲染
      if (supportsMutation) {
        const root = finishedWork.stateNode;
        clearContainer(root.containerInfo);
      }
      break;
    }
  }
}
```

整个过程主要处理如下两种类型的 fiberNode：

- ClassComponent，执行 getSnapshotBeforeUpdate 方法；
- HostRoot，清空 HostRoot 挂载的内容，方便 Mutation 阶段渲染。

4.4 Mutation 阶段

3.6 节曾经提到 Mutation，它是 DOM API 的工作方式。可以推断，对于 HostComponent，Mutation 阶段的工作主要是进行 DOM 元素的增、删、改。其他类型的 Component 在 Mutation 阶段的工作会在介绍相关特性时讲解。

4.4.1 删除 DOM 元素

4.1.1 节提到，一些子阶段在 commitXXXEffects_begin 向下遍历过程中还会执行其特有的操作。Mutation 阶段特有的操作是删除 DOM 元素：

```
function commitMutationEffects_begin(root) {
  while (nextEffect !== null) {
    const fiber = nextEffect;
```

```
// 删除 DOM 元素
const deletions = fiber.deletions;
if (deletions !== null) {
  for (let i = 0; i < deletions.length; i++) {
    const childToDelete = deletions[i];
    try {
      commitDeletion(root, childToDelete, fiber);
    } catch (error) {
      // 省略错误处理
    }
  }
}

const child = fiber.child;
if ((fiber.subtreeFlags & MutationMask) !== NoFlags && child !== null) {
  // 省略辅助方法
  nextEffect = child;
} else {
  commitMutationEffects_complete(root);
}
```

其中 fiber.deletions 是一个数组，数组中的项是在 render 阶段 beginWork 执行 reconcile 操作时，发现需要删除"子 fiberNode 对应的 DOM 元素"时，执行 deleteChild 方法添加的。

执行删除操作的方法是 commitDeletion，其完整逻辑比较复杂。原因在于——当删除一个 DOM 元素时，还需要考虑：

- 其子树中所有组件的 unmount 逻辑；
- 其子树中所有 ref 属性的卸载操作；
- 其子树中所有 Effect 相关 Hook（比如 useLayoutEffect）的 destroy 回调执行。

比如，考虑如下 JSX 结构，当删除最外层 DIV HostComponent 时，还需要考虑：

- 执行 SomeClassComponent 中的 componentWillUnmount 方法；

- 执行 SomeFunctionComponent 中 useEffect、useLayoutEffect 的 destroy 方法；
- divRef 的卸载操作。

```
<div>
  <SomeClassComponent/>
  <div ref={divRef}>
    <SomeFunctionComponent/>
  </div>
</div>
```

所以，整个删除操作是以 DFS 的顺序，遍历子树的每个 fiberNode，执行对应操作。

4.4.2 插入、移动 DOM 元素

进入 commitMutationEffects_complete 方法后，其会对遍历到的每个 fiberNode 执行 commitMutationEffectsOnFiber，在该方法中会执行具体的 DOM 操作，代码如下：

```
function commitMutationEffectsOnFiber(finishedWork, root) {
  const flags = finishedWork.flags;

  if (flags & ContentReset) {// 省略重置文本内容}
  if (flags & Ref) {// 省略 ref 相关操作}
  if (flags & Visibility) {
    // 省略 SuspenseComponent 与 OffscreenComponent 显/隐相关操作
    // 与 4.1.2 节介绍的 Concurrent Suspense 相关
  }

  const primaryFlags = flags & (Placement | Update | Hydrating);
  outer: switch (primaryFlags) {
    case Placement: {
      // 执行 Placement 对应操作
      commitPlacement(finishedWork);
      finishedWork.flags &= ~Placement;
      break;
    }
```

```
    case PlacementAndUpdate: {
      // 执行 Placement 对应操作
      commitPlacement(finishedWork);
      // 执行完 Placement 对应操作后，移除 Placement flag
      finishedWork.flags &= ~Placement;

      // 执行 Update 对应操作
      const current = finishedWork.alternate;
      commitWork(current, finishedWork);
      break;
    }
    case Hydrating: {
      finishedWork.flags &= ~Hydrating;
      break;
    }
    case HydratingAndUpdate: {
      finishedWork.flags &= ~Hydrating;

      const current = finishedWork.alternate;
      // 执行 Update 对应操作
      commitWork(current, finishedWork);
      break;
    }
    case Update: {
      const current = finishedWork.alternate;
      // 执行 Update 对应操作
      commitWork(current, finishedWork);
      break;
    }
  }
}
```

由代码可知，Placement flag 对应 commitPlacement 方法，代码如下：

```
function commitPlacement(finishedWork) {
  // 获取 Host 类型的祖先 FiberNode
```

```
const parentFiber = getHostParentFiber(finishedWork);

// 省略根据 parentFiber 获取对应 DOM 元素的逻辑
let parent;

// 目标 DOM 元素会插入至 before 左边
const before = getHostSibling(finishedWork);

// 省略分支逻辑
// 执行插入或移动操作
insertOrAppendPlacementNode(finishedWork, before, parent);
}
```

commitPlacement 执行流程可分为三个步骤：

（1）从当前 fiberNode 向上遍历，获取第一个类型为 HostComponent、HostRoot、HostPortal 三者之一的祖先 fiberNode，其对应 DOM 元素是"执行 DOM 操作的目标元素的父级 DOM 元素"；

（2）获取用于执行 parentNode.insertBefore(child, before)方法的"before 对应 DOM 元素"；

（3）执行 parentNode.insertBefore 方法（存在 before）或 parentNode.appendChild 方法（不存在 before）。

对于"还没有插入的 DOM 元素"（对应 mount 场景），insertBefore 会将目标 DOM 元素插入至 before 之前，appendChild 会将目标 DOM 元素作为"父 DOM 元素的最后一个子元素"插入。对于 UI 中已经存在的 DOM 元素（对应 update 场景），insertBefore 会将目标 DOM 元素移动到 before 之前，appendChild 会将目标 DOM 元素移动到同级最后。这也是插入、移动操作都对应 Placement flag 的原因。

由于 getHostSibling、insertOrAppendPlacementNode 与 3.4.2 节介绍的 appendAllChildren 方法有同样的问题要解决（fiberNode 的层级与原生元素的层级可能不是一一对应的），因此遍历过程比较复杂。同时，getHostSibling 方法中有一段逻辑需要注意——**寻找到的"before 对应 fiberNode"本身必须是稳定的**，即"before 对应 fiberNode"不能被标记 Placementflag：

```
function getHostSibling(fiber) {
  let node = fiber;
  siblings: while (true) {
    // 省略代码

    // before 对应 fiberNode 必须稳定
    if (!(node.flags & Placement)) {
      // 发现 "before 对应 DOM 元素"
      return node.stateNode;
    }
  }
}
```

如果 "before 对应 fiberNode" 被标记了 Placementflag，就不能作为 before 使目标 DOM 元素在它前面插入（因为它自身位置不稳定，需要移动），此时目标 DOM 元素只能重新寻找 before。如果最终没有找到 before，则只能选择插入到父 DOM 元素的末尾。

4.4.3 更新 DOM 元素

从 4.4.2 节的 commitMutationEffectsOnFiber 方法中可以发现，执行 DOM 元素更新操作的方法是 commitWork，代码如下：

```
function commitWork(current, finishedWork) {
  switch (finishedWork.tag) {
    // 省略其他类型处理逻辑
    case HostComponent: {
      const instance: Instance = finishedWork.stateNode;
      if (instance != null) {
        const newProps = finishedWork.memoizedProps;
        const oldProps = current !== null ? current.memoizedProps : newProps;
        const type = finishedWork.type;

        const updatePayload: null | UpdatePayload = (finishedWork.updateQueue: any);
```

```
      finishedWork.updateQueue = null;
      if (updatePayload !== null) {
        // 存在变化的属性
        commitUpdate(instance, updatePayload, type, oldProps, newProps,
finishedWork);
      }
    }
    return;
  }
}
```

3.4.3 节介绍过,所有"变化属性的 key、value"会保存在 fiberNode.updateQueue 中。当 finishedWork.updateQueue 存在时,其最终会在 updateDOMProperties 方法中遍历并改变对应属性,处理以下四种类型的数据:

- style 属性变化;
- innerHTML;
- 直接文本节点变化;
- 其他元素属性。

```
function updateDOMProperties(
  domElement,
  updatePayload,
  wasCustomComponentTag,
  isCustomComponentTag
) {
  for (let i = 0; i < updatePayload.length; i += 2) {
    const propKey = updatePayload[i];
    const propValue = updatePayload[i + 1];
    if (propKey === STYLE) {
      // 处理 style
      setValueForStyles(domElement, propValue);
    } else if (propKey === DANGEROUSLY_SET_INNER_HTML) {
      // 处理 innerHTML
      setInnerHTML(domElement, propValue);
```

```
    } else if (propKey === CHILDREN) {
      // 处理直接的文本子节点
      setTextContent(domElement, propValue);
    } else {
      // 处理其他元素属性
      setValueForProperty(domElement, propKey, propValue, isCustomComponentTag);
    }
  }
}
```

4.4.4 Fiber Tree 切换

当 Mutation 阶段的主要工作完成后，在进入 Layout 阶段前，会执行如下代码完成 Fiber Tree 的切换，即图 2-10 展示的场景：

`root.current = finishedWork;`

之所以选择这一时机切换 Fiber Tree，是因为对于 ClassComponent，当执行 componentWillUnmount 时（Mutation 阶段），Current Fiber Tree 仍对应 UI 中的树。当执行 componentDidMount/Update 时（Layout 阶段），Current Fiber Tree 已经对应本次更新的 Fiber Tree。

4.5 Layout 阶段

Layout 阶段的名称源自 useLayoutEffect。对于 FC，useLayoutEffect callback 会在该阶段执行。类似 Mutation 阶段，Layout 阶段在 commitXXXEffects_begin 向下遍历过程中也会执行特有的操作，这里是"OffscreenComponent 的显/隐逻辑"，对应代码如下：

```
function commitLayoutEffects_begin(
  subtreeRoot,
  root,
  committedLanes
) {
  const isModernRoot = (subtreeRoot.mode & ConcurrentMode) !== NoMode;
```

```
while (nextEffect !== null) {
  const fiber = nextEffect;
  const firstChild = fiber.child;

  if (fiber.tag === OffscreenComponent && isModernRoot) {
    // 省略 OffscreenComponent 的显/隐逻辑
  }

  if ((fiber.subtreeFlags & LayoutMask) !== NoFlags && firstChild !== 
null) {
    nextEffect = firstChild;
  } else {
    commitLayoutMountEffects_complete(subtreeRoot, root, committedLanes);
  }
}
```

进入 commitLayoutMountEffects_complete 方法后，其会对遍历到的每个 fiberNode 执行 commitLayoutEffectOnFiber，根据 fiberNode.tag 不同，执行不同操作，比如：

- 对于 ClassComponent，在该阶段执行 componentDidMount/Update 方法；
- 对于 FC，在该阶段执行 useLayoutEffect callback。

3.4.3 节介绍了 HostComponent 类型的 fiberNode.updateQueue，最终会在 Mutation 阶段处理。除 HostComponent 外，其他类型 fiberNode 也存在 updateQueue 字段，比如：

- 对于 ClassComponent，执行 this.setState(newState, callback)传递的 callback 参数会保存在对应的 fiberNode.updateQueue 中。
- 对于 HostRoot，执行 ReactDOM.render(element, container, callback)传递的 callback 参数会保存在对应的 fiberNode.updateQueue 中。

在这两种情况下，callback 都会在 commitLayoutEffectOnFiber 中执行。React 源码中存在很多"属性字段名相同，但在不同 fiberNode.tag 中有不同处理"的情况，比如上面介绍的 updateQueue 字段。

第 8 章介绍的 Hooks 的 memoizedState 字段也属于这种情况。

4.6 总结

本章主要介绍了基于 ReactDOM Renderer 的 commit 阶段的工作流程,可以分为三个阶段:

(1)开始前的准备工作,比如判断"是否有副作用需要执行";

(2)处理副作用;

(3)结束后的收尾工作,比如调度新的更新。

其中阶段(2)又能分为三个子阶段:

① BeforeMutation 阶段;

② Mutation 阶段;

③ Layout 阶段。

Fiber Tree 的切换会在 Mutation 阶段完成后,Layout 阶段还未开始时执行。

至此,完整更新流程中的 Reconciler、Renderer 都已介绍完。第 5 章将介绍 Scheduler。

第 5 章

schedule 阶段

并发更新的体系结构如图 5-1 所示，体系结构中最底层是 Fiber 架构，第 2、3、4 章已经介绍过该架构的工作原理。Fiber 架构支持 Time Slice 的实现。5.1 节将介绍的 Scheduler（调度器）为"Time Slice 分割出的一个个短宏任务"提供了执行的驱动力。

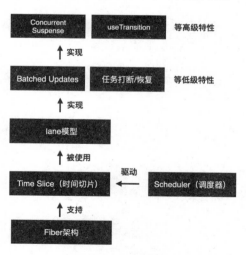

图 5-1 并发更新的体系结构

为了更灵活地控制宏任务的执行时机，React 实现了一套基于 lane 模型的优先级算法，并基于这套算法实现了 Batched Updates（批量更新）、任务打断/恢复机制等低级

特性。这些特性不适合开发者直接控制，一般由 React 统一管理。基于低级特性，React 实现了"面向开发者"的高级特性（或者叫作并发特性），比如 Concurrent Suspense、useTransition。

本章主要关注 Scheduler、lane 模型、低级特性。由于本章内容属于本书难点，因此会先构建一个简易示例，再在该示例基础上延伸出后续内容。读者应该完全理解示例后再继续学习后面的内容。本章具体的行文逻辑如下：

（1）用 100 行代码实现 schedule 阶段的简易版本，在实现过程中介绍 Scheduler 的基本使用方法。

（2）讲解 Scheduler 的实现原理。

通过步骤（1）了解 Scheduler 的基本用法后，再深入理解实现原理。

（3）讲解 lane 模型（React 中的优先级算法）的实现原理。

（4）讲解 lane 模型在 React 中的应用。

（5）讲解 Batched Updates 的实现。

作为低级特性，Batched Updates 构建于基础调度流程之上，本章结尾将介绍其实现原理。

可以发现，本章行文的整体抽象层次是图 5-1 中自下而上的顺序。

5.1 编程：简易 schedule 阶段实现

根据 2.4.1 节介绍，Scheduler 是一个独立的包。为了保证通用性，React 并没有与 Scheduler 共用一套优先级。本节将利用 Scheduler 实现一个 100 行代码的示例，模拟 React 的完整调度流程。作为学习本章后续内容的基础，希望读者能够完全理解该示例的运行逻辑。

该示例用 work 这一数据结构代表"一份工作"，work.count 代表"这份工作要重复做某件事的次数"。在示例中要重复做的事是"执行 insertItem 方法，向页面插入 HTMLSpanELement"：

```
const insertItem = (content) => {
```

```
  const ele = document.createElement('span');
  ele.innerText = `${content}`;
  contentBox.appendChild(ele);
};
```

如下 work 代表"执行 100 次 insertItem 方法,向页面插入 100 个 HTMLSpanELement":

```
const work1 = {
  count: 100
}
```

如果用 work 类比"React 的一次更新",用 work.count 类比"这次更新 render 阶段需要处理组件的数量",则下面的示例可以类比"React 更新流程"。

接下来实现第一版的调度系统,流程如图 5-2 所示,包括三个步骤:

(1) 向 workList 队列(用于保存所有 work)插入 work;
(2) schedule 方法从 workList 中取出 work,传递给 perform 方法;
(3) perform 方法执行完 work 的所有工作后重复步骤(2)。

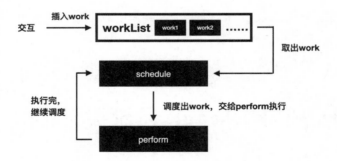

图 5-2　第一版调度系统流程

代码如下:

```
// 保存所有 work 的队列
const workList = [];

// 调度
function schedule() {
  // 从队列末尾取一个 work
  const curWork = workList.pop();
```

```
  if (curWork) {
    perform(curWork);
  }
}

// 执行
function perform(work) {
  while (work.count) {
    work.count--;
    insertItem();
  }
  schedule();
}
```

为按钮绑定点击交互事件。至此，最基本的调度系统已经完成，点击 button 即可插入 100 个 HTMLSpanELement：

```
button.onclick = () => {
  workList.unshift({
    count: 100
  })
  schedule();
}
```

整个流程类比 React 中"点击 button，触发同步更新，render 阶段遍历 100 个组件"。在后面的章节中，我们将引入 Scheduler 并将流程改造为异步。

5.1.1 Scheduler 简介

Scheduler 预置了五种优先级，优先级依次降低：

- ImmediatePriority（最高优先级，同步执行）
- UserBlockingPriority
- NormalPriority

- LowPriority
- IdlePriority（最低优先级）

Scheduler 对外导出的 scheduleCallback 方法接收优先级与回调函数 fn，调度 fn 的执行，比如：

```
// 以 LowPriority 优先级调度回调函数 fn
scheduleCallback(LowPriority, fn)
```

Scheduler 内部在执行 scheduleCallback 后会生成 task 这一数据结构，代表一个被调度的任务，比如：

```
const task1 = {
  // 省略其他字段
  expirationTime: startTime + timeout,
  callback: fn
}
```

task1.expirationTime 代表"task1 的过期时间"，该字段由以下两部分组成：

- startTime，一般为"执行 scheduleCallback 时的当前时间"，如果传递了 delay 参数，还会在此基础上增加延迟时间；
- timeout，不同优先级对应不同的 timeout。

比如，ImmediatePriority 对应的 timeout 为 -1，IdlePriority 对应的 timeout 为 1073741823。Scheduler 将 expirationTime 字段的值作为"task 之间排序的依据"，值越小优先级越高。高优先级的 task.callback 在新的宏任务中优先执行。这就是 Scheduler 调度的原理。

```
const startTime = currentTime;
// 对于 ImmediatePriority
startTime - 1 < currentTime
// 对于 IdlePriority
startTime + 1073741823 > currentTime
```

5.1.2　改造后的 schedule 方法

使用 Scheduler 改造后的示例流程如图 5-3 所示。

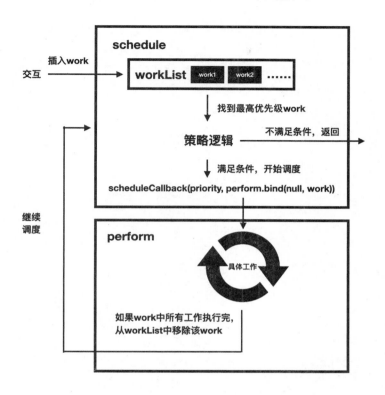

图 5-3 使用 Scheduler 改造后的示例流程

在改造前的 schedule 方法中，work 直接从 workList 队列末尾取出：

```
// 改造前
const curWork = workList.pop();
```

在改造后的 schedule 方法中，work 拥有不同优先级，通过 priority 字段表示。比如，如下 work 代表"以 NormalPriority 优先级插入 100 个 HTMLSpanELement"：

```
const work1 = {
  count: 100,
  priority: NormalPriority
}
```

每次执行改造后的 schedule 方法，都会找出"最高优先级的 work"：

```
// 改造后
// 对 workList 排序后取 priority 值最小的（值越小，优先级越高）
```

```
const curWork = workList.sort((w1, w2) => {
  return w1.priority - w2.priority;
})[0];
```

由图 5-3 可知，schedule 方法不再直接执行 perform 方法，而是通过执行 Scheduler 提供的 scheduleCallback 方法调度 perform.bind(null, work)，调度结束后执行 perform 方法。即执行 schedule 方法，如果满足策略逻辑，则生成新 task（上文介绍的 Scheduler 内的数据结构），经过调度后执行 perform.bind(null, work)。新 task 如下：

```
{
  // 省略其他字段
  callback: perform.bind(null, work),
}
```

因为策略逻辑需要配合 5.1.3 节 perform 方法的实现讲解，读者可以暂时忽略相关内容。schedule 方法完整代码如下：

```
// 保存所有 work
const workList = [];
// 上一次执行 perform 的 work 对应优先级
let prevPriority = IdlePriority;
// 当前调度的 callback
let curCallback;

function schedule() {
  // 尝试获取"当前正在调度的 callback"
  const cbNode = getFirstCallbackNode();
  // 取出最高优先级的工作
  const curWork = workList.sort((w1, w2) => {
    return w1.priority - w2.priority;
  })[0];
  // 以下直到"赋值 curCallback"之前都是策略逻辑
  if (!curWork) {
    // 没有 work 需要调度，返回
    curCallback = null;
    cbNode && cancelCallback(cbNode);
    return;
```

```
}
// 获取当前最高优先级work 的优先级
const {priority: curPriority} = curWork;
if (curPriority === prevPriority) {
  // 如果优先级相同，则不需要重新调度，退出调度
  return;
}

// 准备调度当前最高优先级的work
// 调度之前，如果有工作在进行，则中断它
cbNode && cancelCallback(cbNode);

// 调度当前最高优先级的work
curCallback = scheduleCallback(curPriority, perform.bind(null, curWork));
}
```

这里主要关注由 Scheduler 提供的 getFirstCallbackNode、cancelCallback 方法。其中 getFirstCallbackNode 方法用于获取"当前正在执行的 task.callback"。cancelCallback 的实现如下：

```
function cancelCallback(task) {
  task.callback = null;
}
```

同一个 task.callback 可能会被执行一到多次。Scheduler 内部通过判断 task.callback === null 是否成立决定是否移除该 task。即当 task.callback !== null 时，该 task 参与调度，task.callback 才有机会被执行。所以，执行 cancelCallback(task) 后，如果 Scheduler 在下次调度时发现 task.callback === null，就会移除该 task，task.callback 不再有机会执行。

5.1.3 改造后的 perform 方法

改造前的 perform 方法会同步执行完 work 中所有工作：

```
while (work.count) {
  work.count--;
```

```
  insertItem();
}
```

改造后，work 的执行流程随时可能中断（模拟第 3 章开篇介绍的并发更新）：

```
// 是否需要同步执行
const needSync = work.priority === ImmediatePriority || didTimeout;
while ((needSync || !shouldYield()) && work.count) {
  work.count--;
  // 执行具体的工作
  insertItem();
}
```

当满足(needSync || !shouldYield()) && work.count 时，insertItem 会执行一次，其中 shouldYield 方法由 Scheduler 提供，当预留给当前 callback 的时间用尽（默认是 5ms）时，shouldYield() === true，循环中断。具体来说，有两种情况会造成这种局面：

（1）工作太多。

假设 work.count === 9999，且 5ms 内只循环了 100 次，则中断循环。此时 work.count === 9899。

这种情况类比"React 应用很复杂、需要遍历很多组件的情况"。

（2）单次工作耗时过多。

如果 insertItem 方法内包含"耗时过多的逻辑"，导致单次执行时间超过 5ms，则中断循环。这种情况类比"React 单个组件 render 逻辑复杂的情况"。参考如下代码：

```
const insertItem = (content) => {
  // 省略原有逻辑
  doSomeBuzyWork(10000000);
};
// 耗时的逻辑
const doSomeBuzyWork = (len) => {
  let result = 0;
  while(len--) {
    result +=len;
  }
}
```

除此之外，当满足如下条件时，work 对应工作不会中断，而是同步执行直到 work.count 耗尽：

```
const needSync = work.priority === ImmediatePriority || didTimeout;
```

其中：

（1）work.priority === ImmediatePriority。

当前 work 是"同步优先级"，类比"React 中同步更新的情况"。

（2）didTimeout === true。

didTimeout 参数是 Scheduler 执行 callback 时传入的，代表本次调度"是否过期"。这个参数的意义是解决饥饿问题。考虑当前正在执行一个 LowPriority work，此时 workList 插入一个 UserBlockingPriority work，LowPriority work 被中断（这属于"高优先级 work"打断"低优先级 work"的情况）。在 UserBlockingPriority work 执行完之前，workList 又插入一个 UserBlockingPriority work，如果这种情况反复发生，LowPriority work 将永远不会被执行，这就是饥饿问题。

为了解决饥饿问题，当一个 work 长时间未执行完，随着时间推移，当前时间离 work.expirationTime 越近，代表 work 优先级越高。当 work.expirationTime 小于当前时间，代表该 work 过期，表现为 didTimeout === true，过期 work 会被同步执行。

所以，有以下两种情况会跳出 while 循环：

（1）work 已经执行完，即 work.count === 0；

（2）work 未执行完，但是中断发生。

如果是情况（1）导致的退出，则从 workList 中移除该 work，并重置 prevPriority：

```
if (!work.count) {
  // 从 workList 中删除完成的 work
  const workIndex = workList.indexOf(work);
  workList.splice(workIndex, 1);
  // 重置优先级
  prevPriority = IdlePriority;
}
```

如果是情况（2）导致的退出，则继续后面的流程。改造后的 perform 方法完整代码如下：

```js
function perform(work, didTimeout) {
  const needSync = work.priority === ImmediatePriority || didTimeout;
  while ((needSync || !shouldYield()) && work.count) {
    work.count--;
    insertItem();
  }
  // 跳出循环，prevPriority 代表上一次执行的优先级
  prevPriority = work.priority;

  if (!work.count) {
    // 从 workList 中删除完成的 work
    const workIndex = workList.indexOf(work);
    workList.splice(workIndex, 1);
    // 重置优先级
    prevPriority = IdlePriority;
  }

  const prevCallback = curCallback;
  // 调度完后，如果 callback 发生变化，代表这是新的 work
  schedule();
  const newCallback = curCallback;

  if (newCallback && prevCallback === newCallback) {
    // callback 不变，代表是同一个 work，只不过 Time Slice 时间用尽（5ms）
    // 返回的函数会被 Scheduler 继续调用
    return perform.bind(null, work);
  }
}
```

5.1.4 改造后的完整流程

结合 5.1.2 节讲到的策略逻辑，我们来分析"不同情况下的完整调度逻辑"。

情况 1：当执行"优先级低于 ImmediatePriority 的 work"时。

假设 workList 中只有一个 work，取出后经过策略逻辑，交由 scheduleCallback 调度。perform 方法开始执行后，将遍历 work.count 并执行工作。当 Time Slice 时间用尽后，遍历中止，此时代码执行情况如下：

```
prevPriority = work.priority;
if (!work.count) {
  // 省略 work.count 未用尽，不会进入该逻辑
}
// 保存当前 callback
const prevCallback = curCallback;
// 继续调度
schedule();
const newCallback = curCallback;
```

进入 schedule 方法，workList 中只有一个 work 进入策略逻辑中：

```
// 只有一个 work，调度前后优先级一致
if (curPriority === prevPriority) {
  return;
}
```

调用栈回到 perform 方法，由于 schedule 方法没有调度新的 callback，因此：

```
if (newCallback && prevCallback === newCallback) {
  // 会进入该逻辑
  return perform.bind(null, work);
}
```

5.1.2 节讲到，Scheduler 内部通过判断 task.callback === null 决定是否移除该 task。如果 task.callback 执行后返回函数，则返回的函数会被赋值给 task.callback。这样做的目的是：如果同一优先级 work 反复执行，就可以复用同一个 task。如果不这样做，就需要反复移除 task，并在 scheduleCallback 中重新调度 task。Scheduler 内对应源码如下：

```
// 获取 task.callback
const callback = currentTask.callback;
if (typeof callback === 'function') {
  // 省略代码
  currentTask.callback = null;
```

```
// 这里传入的 didUserCallbackTimeout 即 didTimeout
const continuationCallback = callback(didUserCallbackTimeout);

if (typeof continuationCallback === 'function') {
  // 返回值是函数，用"返回值的函数"重新赋值 task.callback
  currentTask.callback = continuationCallback;
} else {
  //省略移除 task 的操作
}
```

对于只有一个"优先级低于 ImmediatePriority 的 work"的情况，由于 callback 始终不变，即使 perform 方法循环中断，也会复用同一个 task 继续执行，直到最终 task.count === 0。可以认为，schedule 阶段存在一大一小两种循环，如图 5-4 所示。其中大循环涉及 schedule 方法、scheduleCallback 方法、perform 方法，特点是"调度优先级最高的任务的执行"。小循环涉及 perform 方法，特点是"调度一个相同优先级任务的反复执行"。两种循环都是由 Scheduler 驱动的。

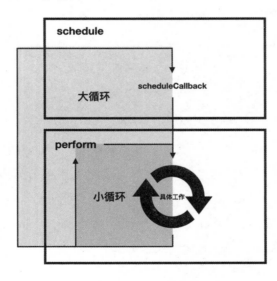

图 5-4　schedule 阶段的两种循环

情况 2：当执行"优先级与 ImmediatePriority 相同的 work"时。

情况 2 与情况 1 的不同之处在于，情况 2 进入 perform 方法后，由于 needSync === true，while 循环不会中断，因此 work.count 的工作会持续至执行完，然后进入如下逻辑：

```
if (!work.count) {
  //省略代码
}
```

情况 3：在低优先级 work 执行过程中插入高优先级 work。

当低优先级 work 的下一次中断发生时，由于插入了高优先级 work，因此进入 schedule 方法后获取到的 work 是高优先级 work，此时会进入如下策略逻辑：

```
// 取消低优先级 callback
cbNode && cancelCallback(cbNode);
// 调度高优先级 callback
curCallback = scheduleCallback(curPriority, perform.bind(null, curWork))
```

当调用栈再次回到 perform 方法，由于 prevCallback !== newCallback，perform 执行后不会返回函数，因此低优先级 work 对应 task 会被清除。下一次执行 perform 方法对应的 work 就是高优先级 work。后续执行过程则根据"高优先级 work 的优先级"属于情况 1 或情况 2 有所区别。

情况 4：当高优先级 work 执行过程中插入"低于或等于其优先级的 work"时。

当高优先级 work 的下一次中断发生时，由于插入了低于或等于其优先级的 work，因此进入 schedule 方法后获取到的 work 仍然是高优先级 work，此时会进入如下策略逻辑，后续执行过程则根据"高优先级 work 的优先级"属于情况 1 或情况 2 有所区别：

```
if (curPriority === prevPriority) {
  return;
}
```

"schedule 阶段的简易实现"完整代码见示例 5-1。

示例 5-1：

```
import {
  unstable_IdlePriority as IdlePriority,
  unstable_ImmediatePriority as ImmediatePriority,
  unstable_LowPriority as LowPriority,
  unstable_NormalPriority as NormalPriority,
```

```
  unstable_UserBlockingPriority as UserBlockingPriority,
  unstable_getFirstCallbackNode as getFirstCallbackNode,
  unstable_scheduleCallback as scheduleCallback,
  unstable_shouldYield as shouldYield,
  unstable_cancelCallback as cancelCallback,
  CallbackNode
} from "scheduler";


type Priority =
  | typeof IdlePriority
  | typeof ImmediatePriority
  | typeof LowPriority
  | typeof NormalPriority
  | typeof UserBlockingPriority;

interface Work {
  priority: Priority;
  count: number;
}

const priority2UseList: Priority[] = [
  ImmediatePriority,
  UserBlockingPriority,
  NormalPriority,
  LowPriority
];

const priority2Name = [
  "noop",
  "ImmediatePriority",
  "UserBlockingPriority",
  "NormalPriority",
  "LowPriority",
  "IdlePriority"
```

```
];

const root = document.querySelector("#root") as Element;
const contentBox = document.querySelector("#content") as Element;

const workList: Work[] = [];
let prevPriority: Priority = IdlePriority;
let curCallback: CallbackNode | null;

// 初始化优先级对应按钮
priority2UseList.forEach((priority) => {
  const btn = document.createElement("button");
  root.appendChild(btn);
  btn.innerText = priority2Name[priority];

  btn.onclick = () => {
    // 插入work
    workList.push({
      priority,
      count: 100
    });
    schedule();
  };
});

/**
 * 调度的逻辑
 */
function schedule() {
  // 当前可能存在正在调度的回调
  const cbNode = getFirstCallbackNode();
  // 取出优先级最高的work
  const curWork = workList.sort((w1, w2) => {
    return w1.priority - w2.priority;
  })[0];
```

```ts
  if (!curWork) {
    // 没有work需要执行，退出调度
    curCallback = null;
    cbNode && cancelCallback(cbNode);
    return;
  }

  const { priority: curPriority } = curWork;

  if (curPriority === prevPriority) {
    // 有work在进行，比较该work与正在进行的work的优先级
    // 如果优先级相同，则退出调度
    return;
  }

  // 准备调度当前优先级最高的work
  // 调度之前，如果有work正在进行，则中断它
  cbNode && cancelCallback(cbNode);

  // 调度当前优先级最高的work
  curCallback = scheduleCallback(curPriority, perform.bind(null, curWork));
}

// 执行具体的work
function perform(work: Work, didTimeout?: boolean): any {
  // 是否需要同步执行，满足1.work是同步优先级 2.当前调度的任务已过期，需要同步执行
  const needSync = work.priority === ImmediatePriority || didTimeout;
  while ((needSync || !shouldYield()) && work.count) {
    work.count--;
    // 执行具体的工作
    insertItem(work.priority + "");
  }
  prevPriority = work.priority;

  if (!work.count) {
```

```
    // 从 workList 中删除已经完成的 work
    const workIndex = workList.indexOf(work);
    workList.splice(workIndex, 1);
    // 重置优先级
    prevPriority = IdlePriority;
  }

  const prevCallback = curCallback;
  // 调度完成后，如果 callback 变化，代表这是新的 work
  schedule();
  const newCallback = curCallback;

  if (newCallback && prevCallback === newCallback) {
    // callback 没变，代表是同一个 work，只不过时间切片时间用尽（5ms）
    // 返回的函数会被 Scheduler 继续调用
    return perform.bind(null, work);
  }
}

const insertItem = (content: string) => {
  const ele = document.createElement("span");
  ele.innerText = '${content}';
  ele.className = 'pri-${content}';
  doSomeBuzyWork(10000000);
  contentBox.appendChild(ele);
};

const doSomeBuzyWork = (len: number) => {
  let result = 0;
  while (len--) {
    result += len;
  }
};
```

通过本节我们了解了 schedule 阶段的基本实现。示例中使用了五种优先级，在 React 中，为了同时满足以下条件：

- 高效、快速的优先级计算
- 高可扩展性

React 与 Scheduler 对接后，在五种优先级基础上实现了一套优先级算法，这就是 5.3 节要介绍的 lane 模型。可以认为，React 本身通过操作 lane 模型间接操作了"Scheduler 提供的五种优先级"。

5.2 Scheduler 的实现

上一节的示例中使用了 Scheduler 的如下核心方法：
- scheduleCallback，用于"以某一优先级调度 callback"；
- shouldYield，用于"提示 Time Slice 时间是否用尽"，作为中断循环的一个依据；
- cancelCallback，移除 task。

本节将介绍 Scheduler 的实现原理，如图 5-5 所示。

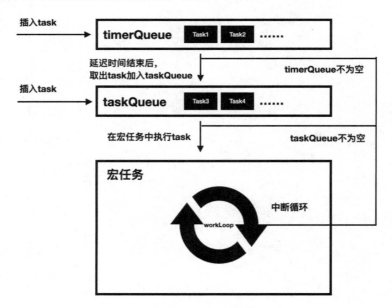

图 5-5　Scheduler 的实现原理

在 Scheduler 中有两个容易混淆的概念：

- delay
- expirationTime

delay 代表"task 需要延迟执行的时间"，在 scheduleCallback 方法中配置，"配置 delay 后的 task"会先进入 timerQueue 中。当 delay 对应时间结束后，task 会从 timerQueue 中取出并移入 taskQueue 中。

expirationTime 代表"task 的过期时间"。不是所有 task 都会配置 delay，没有配置 delay 的 task 会直接进入 taskQueue。这就导致 taskQueue 中可能存在多个 task。5.1.1 节介绍过，task.expirationTime 作为排序依据，其值越小代表 task 的优先级越高。除此之外，task.expirationTime 的另一个作用是"解决饥饿问题"，这一点在 5.1.3 节介绍过。

综上所述，"配置 delay 且未到期的 task"一定不会执行。"配置 delay 且到期，或者未配置 delay 的 task"会根据 task.expirationTime 排序调度并执行，过期 task 执行时不会被打断。

5.2.1 流程概览

将图 5-5 中的流程替换为具体方法后的流程如图 5-6 所示。

本节将完整介绍 Scheduler 的执行流程，后面的几节中会详细解答本节提出的问题。完整步骤如下。

（1）根据"是否传递 delay 参数"，执行 scheduleCallback 方法后生成的 task 会进入 timerQueue 或 taskQueue，其中：

- timerQueue 中的 task 以 currentTime + delay 为排序依据；
- taskQueue 中的 task 以 expirationTime 为排序依据。

（2）当 timerQueue 中第一个 task 延迟的时间到期后，执行 advanceTimers 将"到期的 task"从 timerQueue 中移动至 taskQueue 中。

第一个问题：用什么数据结构实现优先级队列？

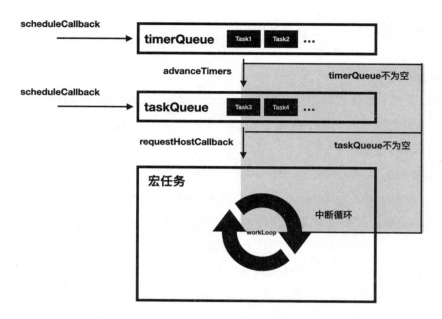

图 5-6 Scheduler 调用流程

（3）接下来，执行 requestHostCallback 方法，它会在新的宏任务中执行 workLoop 方法。

第二个问题：宏任务的种类很多，这里应该选用哪种宏任务？

（4）workLoop 方法会循环消费 taskQueue 中的 task（即执行 task.callback，这部分逻辑在 5.1.3 节介绍过），直到满足如下条件之一，则中断循环：

- taskQueue 中不存在 task；
- Time Slice 时间用尽，且 currentTask.expirationTime > currentTime，即当前 task 未过期。

（5）循环中断后，如果 taskQueue 不为空，则进入步骤（3）。如果 timerQueue 不为空，则进入步骤（2）。

综上所述，Scheduler 的完整执行流程包括如下两个循环：

（1）taskQueue 的生产（从 timerQueue 中移入或执行 scheduleCallback 生成）到消费的过程（即图 5-6 中灰色部分），这是一个异步循环；

（2）taskQueue 的具体消费过程（即 workLoop 方法的执行），这是一个同步循环。

5.2.2 优先级队列的实现

本节将解答 5.2.1 节提出的第一个问题：用什么数据结构实现优先级队列？答案是小顶堆。小顶堆的特点是：

- 是一棵完全二叉树（除最后一层外，其他层的节点个数都是满的，且最后一层节点靠左排列）；
- 堆中每一个节点的值都小于等于其子树的每一个值。

完全二叉树很适合用数组保存，用**数组下标**代替"指向左右子节点的指针"。比如图 5-7 展示了两个"用数组保存"的小顶堆，其中数组下标为 i 的节点的左右子节点下标分别为 $2i+1$、$2i+2$：

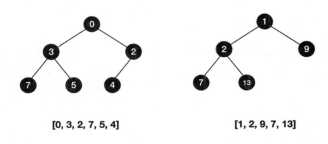

图 5-7　小顶堆示例

堆包含如下三个方法：

- push，向堆中推入数据；
- pop，从堆顶取出数据；
- peek，获取"排序依据最小的值"对应节点。

push 与 pop 方法都涉及堆化操作，即"在插入、取出节点时对堆重新排序"。其本质是"顺着节点所在路径比较、交换"，所以堆化操作的时间复杂度与二叉树的高度正相关，为 $O(\log n)$。

由于堆化操作已经对堆完成排序，因此 peek 方法获取堆中最小节点（即"堆顶节点"）时间复杂度为 $O(1)$。在 Scheduler 中经常需要获取 timerQueue、taskQueue 中"排序依据最小的值"对应 task，所以选用"小顶堆"这一数据结构。

5.2.3 宏任务的选择

workLoop 方法会在"新的宏任务中"执行。浏览器会在宏任务执行间隙执行 Layout、Paint。如图 5-8 所示，在一帧时间内，有多个时机可以执行 workLoop 方法。本节将逐一分析这些备选项。

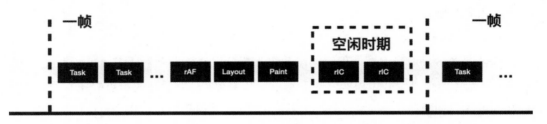

图 5-8 一帧时间执行的工作

第一个备选项是 requestIdleCallback（简称 rIC）。这是一个实验性质的 API，会在每帧的空闲时期执行，但它的如下缺点使得 Scheduler 放弃使用它来实现。

- 浏览器兼容性。
- 执行频率不稳定，受很多因素影响。

比如当切换浏览器 Tab 后，之前 Tab 注册的 rIC 执行的频率会大幅降低。

- 应用场景局限。

rIC 的设计初衷是"能够在事件循环中执行低优先级工作，减少对动画、用户输入等高优先级事件的影响"。这意味着 rIC 的应用场景被局限在"低优先级工作"中。这与 Scheduler 中"多种优先级的调度策略"不符。

下一个备选项是 requestAnimationFrame（简称 rAF）。该 API 定义的回调函数会在浏览器下次 Paint 前执行，一般用于更新动画。由于 rAF 的执行取决于"每一帧 Paint 前的时机"，即"它的执行与帧相关"，执行频率并不高，因此 Scheduler 并没有选择它。满足条件的备选项应该在一帧时间内可以执行多次，并且执行时机越早越好。所以，在支持 setImmediate 的环境（Node.js、旧版本 IE）中，Scheduler 使用 setImmediate 调度宏任务，其特点是：

- 不同于 MessageChannel，它不会阻止 Node.js 进程退出；

- 相比 MessageChannel，执行时机更早。

在支持 MessageChannel 的环境（浏览器、Worker）中，使用 MessageChannel 调度宏任务。该 API 会创建一个新的消息通道，并通过它的两个 MessagePort 属性发送数据。接收消息的回调函数 onmessage 会在新的宏任务中执行。

其余情况则使用 setTimeout 调度宏任务。2.1.1 节曾经介绍过，setTimeout 的执行有最小延迟时间，如果使用 setTimeout 调度新的宏任务，那么 Time Slice 之间会有"被浪费的时间"。考虑 setTimeout 存在最小延迟时间，且在一帧中其执行时机晚于上述两个 API，所以"被浪费的时间"应该略大于最小延迟时间。基于以上情况，最终的实现逻辑如下：

```
// 最终的实现
let schedulePerformWorkUntilDeadline;

if (typeof localSetImmediate === 'function') {
  // 使用 setImmediate 实现
  schedulePerformWorkUntilDeadline = function () {
    localSetImmediate(performWorkUntilDeadline);
  };
} else if (typeof MessageChannel !== 'undefined') {
  // 使用 MessageChannel 实现
  let channel = new MessageChannel();
  let port = channel.port2;
  channel.port1.onmessage = performWorkUntilDeadline;

  schedulePerformWorkUntilDeadline = function () {
    port.postMessage(null);
  };
} else {
  // 使用 setTimeout 实现
  schedulePerformWorkUntilDeadline = function () {
    localSetTimeout(performWorkUntilDeadline, 0);
  };
}
```

5.3 lane 模型

从"产生交互"到 render 阶段流程概览如图 5-9 所示，其中小循环、大循环的概念引用自图 5-4。请读者注意区分图 5-9 中的 workLoop 方法与图 5-6 中的 workLoop 方法，它们隶属于不同的包（react-reconciler 与 Scheduler），只是方法名相同。

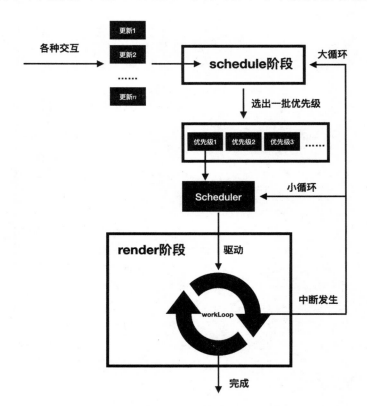

图 5-9　从产生交互到 render 阶段概览

在 5.1 节中我们实现了该流程的简易版本，与 React 实际情况对比，其中：
- "不同按钮对应不同优先级"对应"不同交互产生不同优先级"；
- "schedule 方法选出优先级"对应 schedule 阶段；
- "perform 方法执行 work"对应 render 阶段。

在简易版本中，schedule 方法会选择一个优先级（最高优先级）。实际情况会更复杂，React 在选出一个优先级的同时，会再选出一批优先级。选出的这个优先级会作为"Scheduler 调度的优先级"，选出的一批优先级则会参与 render 阶段。这部分内容会在 5.3.2 及 5.3.3 节讲解。

React 会再"选出一批优先级"的原因与"状态的计算"有关。在 FC 中，状态的定义与修改方式如下：

```
// 定义状态 num
const [num, updateNum] = useState(0);

// 修改状态的方式 1
updateNum(2);
// 修改状态的方式 2
updateNum(num => num + 1);
```

执行"修改状态的方式"后，会生成 Update 这一数据结构，不同的 update 拥有不同的优先级。所以"状态的当前值"通常是由"一到多个相同或不同优先级的 update"计算得到的。方式 1 生成的 update 在参与状态计算时，与其他 update 没有依赖关系，比如：

- num 为 1，经由"值为 2 的 update"计算后为 2；
- num 为 100，经由"值为 2 的 update"计算后为 2。

方式 2 生成的 update 在参与状态计算时，与之前的 update 有依赖关系，比如：

- num 为 1，经由"值为 num => num + 1 的 update"计算后为 2；
- num 为 100，经由"值为 num => num + 1 的 update"计算后为 101。

所以，由于 update 之间存在依赖关系，为了保证"状态的计算结果"符合预期，React 会在更新优先级的基础上再选出一批优先级，共同参与状态计算。

关于 update 更详细的介绍请参考第 6 章。

5.3.1 React 与 Scheduler 的结合

由于 React 与 Scheduler 的优先级并不通用，因此 React 选出优先级提交给 Scheduler

前会进行转换。我们已经了解到，Scheduler 拥有五种优先级（NoPriority 除外）：

```
export const NoPriority = 0;
export const ImmediatePriority = 1;
export const UserBlockingPriority = 2;
export const NormalPriority = 3;
export const LowPriority = 4;
export const IdlePriority = 5;
```

作为一个独立的包，考虑到通用性，Scheduler 并不与 React 共用一套优先级体系。React 有四种优先级：

```
export const DiscreteEventPriority = SyncLane;
export const ContinuousEventPriority = InputContinuousLane;
export const DefaultEventPriority = DefaultLane;
export const IdleEventPriority = IdleLane;
```

具体来说，在 React 中，"不同交互对应的事件回调中产生的 update"会拥有不同优先级。由于优先级与"事件"相关，所以被称为 EventPriority（事件优先级），其中：

- DiscreteEventPriority 对应"离散事件的优先级"，例如 click、input、focus、blur、touchstart 等事件都是离散触发的；
- ContinuousEventPriority 对应"连续事件的优先级"，例如 drag、mousemove、scroll、touchmove、wheel 等事件都是连续触发的；
- DefaultEventPriority 对应"默认的优先级"，例如通过计时器周期性触发更新，这种情况产生的 update 不属于"交互产生的 update"，所以优先级是默认的优先级；
- IdleEventPriority 对应"空闲情况的优先级"。

从 React 到 Scheduler，优先级需要经过如下两次转换。

（1）将 lanes 转换为 EventPriority，涉及的方法如下。经过转换，返回的是 EventPriority：

```
function lanesToEventPriority(lanes) {
  // 获取 lanes 中优先级最高的 lane
  let lane = getHighestPriorityLane(lanes);
  // 如果优先级高于 DiscreteEventPriority，返回 DiscreteEventPriority
  if (!isHigherEventPriority(DiscreteEventPriority, lane)) {
```

```
    return DiscreteEventPriority;
  }
  // 如果优先级高于 ContinuousEventPriority, 返回 ContinuousEventPriority
  if (!isHigherEventPriority(ContinuousEventPriority, lane)) {
    return ContinuousEventPriority;
  }
  // 如果包含 "非 Idle 的任务", 返回 DefaultEventPriority
  if (includesNonIdleWork(lane)) {
    return DefaultEventPriority;
  }
  // 返回 IdleEventPriority
  return IdleEventPriority;
}
```

（2）将 EventPriority 转换为 Scheduler 优先级，具体逻辑如下：

```
let schedulerPriorityLevel;

// lanes 转换为 EventPriority
switch (lanesToEventPriority(nextLanes)) {
  // DiscreteEventPriority 对应 ImmediatePriority
  case DiscreteEventPriority:
    schedulerPriorityLevel = ImmediatePriority;
    break;

  // ContinuousEventPriority 对应 UserBlockingPriority
  case ContinuousEventPriority:
    schedulerPriorityLevel = UserBlockingPriority;
    break;

  // DefaultEventPriority 对应 NormalPriority
  case DefaultEventPriority:
    schedulerPriorityLevel = NormalPriority;
    break;

  // IdleEventPriority 对应 IdlePriority
```

```
  case IdleEventPriority:
    schedulerPriorityLevel = IdlePriority;
    break;
  // 默认为 NormalPriority
  default:
    schedulerPriorityLevel = NormalPriority;
    break;
}
```

举例说明，在 onClick 回调中触发的更新，属于 DiscreteEventPriority，对应 Scheduler 中的 ImmediatePriority。这意味着"点击事件中触发的更新会同步处理"。

以上是从 React 到 Scheduler 优先级的转换。从 Scheduler 到 React 优先级的转换逻辑如下：

```
// 获取当前 Scheduler 调度的优先级
let schedulerPriority = getCurrentPriorityLevel();

switch (schedulerPriority) {
  // ImmediatePriority 对应 DiscreteEventPriority
  case ImmediatePriority:
    return DiscreteEventPriority;

  // UserBlockingPriority 对应 ContinuousEventPriority
  case UserBlockingPriority:
    return ContinuousEventPriority;

  // NormalPriority、LowPriority 对应 DefaultEventPriority
  case NormalPriority:
  case LowPriority:
    return DefaultEventPriority;

  // IdlePriority 对应 IdleEventPriority
  case IdlePriority:
    return IdleEventPriority;
```

```
// 默认为 DefaultEventPriority
default:
  return DefaultEventPriority;
}
```

5.3.2 基于 expirationTime 的算法

优先级算法需要解决的最基本的两个问题是：

(1) 从"众多 update 包含的优先级"中选出一个优先级。

(2) 表达"批"的概念。

Scheduler 已经有针对第一个问题的解决方案：不同优先级对应不同的 timeout，最终对应不同的 expirationTime，task.expirationTime 作为 task 的排序依据。最初 React 沿用了类似的算法，"update 的优先级"与"触发事件的当前时间"及"优先级对应的延迟时间相关"：

```
// MAX_SIGNED_31_BIT_INT 为最大 31 bit Interger
update.expirationTime = MAX_SIGNED_31_BIT_INT - (currentTime + taskPriority);
```

例如，高优先级 update u1、低优先级 update u2 的 taskPriority 分别为 0、200，则 u1.expirationTime > u2.expirationTime，代表 u1 优先级更高：

```
// u1.expirationTime > u2.expirationTime
MAX_SIGNED_31_BIT_INT - (currentTime + 0) > MAX_SIGNED_31_BIT_INT - (currentTime + 200)
```

"基于 expirationTime 的优先级算法"简单易懂：每当进入 schedule 阶段，会选出"优先级最高的 update"进行调度。

由于 schedule 阶段的存在，不同的 fiberNode 上可能存在多个 update，这些 update 对应的优先级可能不同，React 会按"批"更新，即：经由 schedule 阶段优先级算法决定的优先级，及"与该优先级同一批的优先级"，它们对应的 update 会共同参与状态计算。所以，需要一种算法能够**基于某一个优先级，计算出属于同一批的所有优先级**。基于 expirationTime 的模型（后文称该模型为旧模型）算法如下：

```
const isUpdateIncludedInBatch = priorityOfUpdate >= priorityOfBatch;
```

priorityOfUpdate 代表 "update 的优先级"，priorityOfBatch 代表 "批对应的优先级下限"。"大于 priorityOfBatch 的 update" 都会被划分为同一批。

这套基于 expirationTime 优先级算法、批算法的模型，可以很好地应对 CPU 密集型场景，因为在该场景下只需考虑任务中断与继续、高优先级任务打断低优先级任务。这一时期该特性被称为 Async Mode（异步模式）。

在此之后，React 将 I/O 密集型场景纳入优化范畴（通过 Suspense），这一时期 Async Mode 迭代为 Concurrent Mode。参考示例 5-2。

示例 5-2：
```
const App = () => {
  const [count, setCount] = useState(0);
  useEffect(() => {
    // 每隔一秒触发一次更新
    const t = setInterval(() => {
      setCount(count => count + 1);
    }, 1000);
    return () => clearInterval(t);
  }, []);
  return (
    <>
      <Suspense fallback={<div>loading...</div>}>
        <Sub count={count} />
      </Suspense>
      <div>count is {count}</div>
    </>
  );
};
```

在示例 5-2 中：

- 每隔一秒会触发一次更新，将 state count 更新为 count => count + 1。
- Sub 组件会发起异步请求，请求返回前，包裹 Sub 的 Suspense 会渲染 fallback。

假设 "Sub 组件发起的请求" 三秒后返回，理想情况下，请求发起前后 UI 会依次显示为：

```
// Sub 内请求发起前
<div class="sub">I am sub, count is 0</div>
<div>count is 0</div>

// Sub 内请求发起第 1 秒
<div>loading...</div>
<div>count is 1</div>

// Sub 内请求发起第 2 秒
<div>loading...</div>
<div>count is 2</div>

// Sub 内请求发起第 3 秒
<div>loading...</div>
<div>count is 3</div>

// Sub 内请求成功后
<div class="sub">I am sub, request success, count is 4</div>
<div>count is 4</div>
```

从用户的视角观察，有两个任务在同时进行：

（1）请求 Sub 的任务（观察第一个 HTMLDivElement 的变化）；

（2）改变 count 的任务（观察第二个 HTMLDivElement 的变化）。

这就是 Suspense 带来的"多任务并发执行"的直观感受，也是 Async Mode（异步模式）更名为 Concurrent Mode（并发模式）的原因。

那么"Suspense 对应 update"的优先级是高还是低呢？当请求成功后，合理的逻辑应该是"尽快展示成功后的 UI"，所以"Suspense 对应 update"应该是"高优先级 update"。在示例 5-2 中共有两类 update：

（1）Suspense 对应的高优先级 update，简称 u0；

（2）每秒产生的低优先级 update，简称 u1、u2、u3 等。

在旧算法模型中：

```
u0.expirationTime >> u1.expirationTime > u2.expirationTime > …
```

u0 优先级最高，且远高于其他 update。u1 及之后的 update 都需要等待 u0 执行完毕后再进行，而 u0 需要等待请求完毕才能执行。因此，在旧模型中，请求发起前后 UI 会依次显示为：

```
// Sub 内请求发起前
<div class="sub">I am sub, count is 0</div>
<div>count is 0</div>

// Sub 内请求发起第 1 秒
<div>loading...</div>
<div>count is 0</div>

// Sub 内请求发起第 2 秒
<div>loading...</div>
<div>count is 0</div>

// Sub 内请求发起第 3 秒
<div>loading...</div>
<div>count is 0</div>

// Sub 内请求成功后
<div class="sub">I am sub, request success, count is 4</div>
<div>count is 4</div>
```

在旧模型中，对于 CPU 密集型场景，"高优先级 update 先执行"的算法并无问题；但是对于 I/O 密集型场景，高优先级 I/O update 会阻塞低优先级 CPU update，这显然不符合需求。因此"基于 expirationTime 的优先级算法"并不能很好地支持并发更新。

同时，在表示"批"的概念上，expirationTime 不够灵活。试想，expirationTime 如何表示"某一范围内的优先级"？当前的算法只能表示"大于某个值的 update 为同一批"。在此基础上唯一的低成本改进方式是"划定左右边界，圈定边界内的部分为目标范围"：

```
// 改进前只能表示大于某个值的"批"
const isUpdateIncludedInBatch = priorityOfUpdate >= priorityOfBatch;

// 改进后能表示某一范围内的"批"
```

```
const isUpdateIncludedInBatch = updatePriority <= highestPriorityInRange
&& updatePriority >= lowestPriorityInRange;
```

如何将"某一范围内的某几个优先级"划分为一批？比如要将图 5-10 中的 u0、u2、u4 划分为一批，在当前模型中显然是无法简单、高效地实现的（如果不考虑性能，可以使用 Set 数据结构存储同一批的 update）。

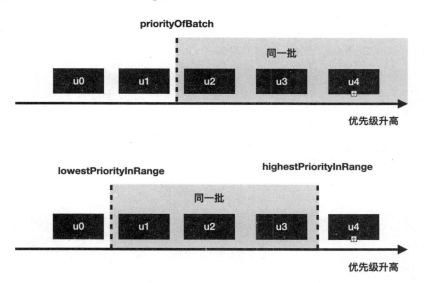

图 5-10　两种基于 expirationTime 划分批的算法

expirationTime 模型的优先级算法最大的问题在于：**expirationTime 字段耦合了"优先级"与"批"这两个概念，限制了模型的表达能力**。优先级算法的本质是"为 update 排序"，但 expirationTime 模型完成排序的同时也划定了"批"。如果要调整"批"，就会改变排序。正是由于这个原因，lane 模型取代了 expirationTime 模型。

5.3.3　基于 lane 的算法

与 expirationTime 算法相同，lane 模型需要解决最基本的两个问题：
（1）以优先级为依据，对 update 进行排序；

（2）表达"批"的概念。

对于第一个问题，一个 lane 就是一个 32bit Interger，最高位为符号位，所以最多可以有 31 位参与运算。不同的优先级对应不同 lane，越低的位代表越高的优先级，比如：

- 0b0000000000000000000000000000001 对应 SyncLane，为最高优先级。
- 0b0000000000000000000000000000100 对应 InputContinuousLane。
- 0b0000000000000000000000000010000 对应 DefaultLane。
- 0b0100000000000000000000000000000 对应 IdleLane。
- 0b1000000000000000000000000000000 对应 OffscreenLane，为最低优先级。

对于第二个问题，一个 lanes 同样也是一个 32bit Interger，代表"一个或多个 lane 的集合"。比如，通过 startTransition 特性创建的 update 拥有 TransitionLane 优先级。如果应用中同一时间触发了多次 startTransition，应该如何为这些 update 分配优先级？React 为 TransitionLane 预留了 16 个位：

```
// 这16个lane都代表TransitionLane优先级
const TransitionLane1  = 0b0000000000000000000000001000000;
const TransitionLane2  = 0b0000000000000000000000010000000;
const TransitionLane3  = 0b0000000000000000000000100000000;
const TransitionLane4  = 0b0000000000000000000001000000000;
const TransitionLane5  = 0b0000000000000000000010000000000;
const TransitionLane6  = 0b0000000000000000000100000000000;
const TransitionLane7  = 0b0000000000000000001000000000000;
const TransitionLane8  = 0b0000000000000000010000000000000;
const TransitionLane9  = 0b0000000000000000100000000000000;
const TransitionLane10 = 0b0000000000000001000000000000000;
const TransitionLane11 = 0b0000000000000010000000000000000;
const TransitionLane12 = 0b0000000000000100000000000000000;
const TransitionLane13 = 0b0000000000001000000000000000000;
const TransitionLane14 = 0b0000000000010000000000000000000;
const TransitionLane15 = 0b0000000000100000000000000000000;
const TransitionLane16 = 0b0000000001000000000000000000000;
```

TransitionLanes 作为 lanes，可以概括这一批 16 个 lane：

```
const TransitionLanes  = 0b0000000001111111111111111000000;
```

通过位运算可以很容易地判断"某一优先级（某个 lane）是否属于同一批（某个 lanes）"。比如，判断某个 lane 是否属于 TransitionLane 的方法如下：

```
function isTransitionLane(lane) {
  return (lane & TransitionLanes) !== 0;
}
```

lanes 代表"一个或多个 lane 的集合"，不同用途的 lanes 拥有不同的应用场景，比如：

- 上文提到的 TransitionLanes 代表"所有 TransitionLane 的集合"；
- root.pendingLanes，代表"当前 FiberRootNode 下'待执行的 update 对应 lane'的集合"；
- root.suspendedLanes，代表"当前 FiberRootNode 下'由于 Suspense 而挂起的 update 对应 lane'的集合"；
- root.pingedLanes，代表"当前 FiberRootNode 下'由于请求成功，Suspense 取消挂起的 update 对应 lane'的集合"；
- root.expiredLanes，代表"当前 FiberRootNode 下'由于过期，需要同步、不可中断执行 render 阶段的 update 对应 lane'的集合"。

在 schedule 阶段会基于 root.pendingLanes 及相关策略，计算出"本次 render 阶段的批（lanes）"，这部分逻辑在源码的 getNextLanes 方法中。由于操作 lanes 本质上是位运算，因此 lane 模型可以实现 expirationTime 模型不能实现的效果，比如：

- 实现 entangle（纠缠）

如果 laneA 与 laneB entangle，代表 laneA、laneB 不能单独进行调度。它们必须同处于一个 lanes 中才能进行调度，适用于"只关注初始 state 与最终 state，不关注中间 state"的情况。比如 useTransition、useMutableSource。

entangle 更详细的介绍参考 8.8.3 节。

- 不依赖优先级划定批

5.3.2 节指出，expirationTime 模型经过改进，最多只能将"范围内的 update"划分为批，而 lane 模型可以很方便地将"多个不相邻的优先级"划分为批：

```
// 要使用的批
let batch = 0;
// laneA 与 laneB 是不相邻的优先级
const laneA = 0b0000000000000000000001000000;
const laneB = 0b0000000000000000000000000001;
// 将 laneA 纳入批中
batch |= laneA;
// 将 laneB 纳入批中
batch |= laneB;
```

正是优先级（lane）与批（lanes）的分离使得"基于 lane 模型的 React"能够同时适用于 CPU 密集场景和 I/O 密集场景。

5.4　lane 模型在 React 中的应用

将 schedule 阶段、render 阶段、commit 阶段结合后的流程概览如图 5-11 所示，lane 模型的应用贯穿其中。本节主要讲解 lane 模型在发生"各种交互"后，到 commit 阶段完成渲染期间的应用。

我们首先从"流程"的角度观察图 5-11，包括如下几个流程。

• 总流程

从"各种交互"到调度 FiberRootNode，进入 render 阶段，render 阶段完成后进入 commit 阶段，commit 阶段完成后继续调度 FiberRootNode。

• 同步流程

从"各种交互"到调度 FiberRootNode，进入 render 阶段同步执行，render 阶段完

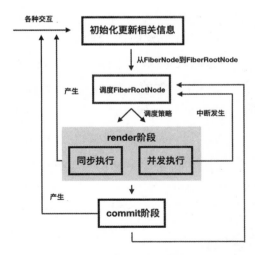

图 5-11　流程概览

成后进入 commit 阶段，commit 阶段完成后继续调度 FiberRootNode。
- 并发流程

从"各种交互"到调度 FiberRootNode，进入 render 阶段并发执行。并发执行过程可能发生中断，中断发生则重新调度 FiberRootNode（即"小循环和大循环"）。render 阶段完成后进入 commit 阶段，commit 阶段完成后继续调度 FiberRootNode。
- render 阶段更新流程

从"各种交互"到调度 FiberRootNode，进入 render 阶段，render 阶段进行过程中触发新的交互，产生更新。
- commit 阶段更新流程

从"各种交互"到调度 FiberRootNode，进入 render 阶段，render 阶段完成后进入 commit 阶段，commit 阶段进行过程中产生新的更新。

本节的讲解以"总流程"为主，同时提到其他流程。以"React 中具体方法名"表示的流程概览如图 5-12 所示。

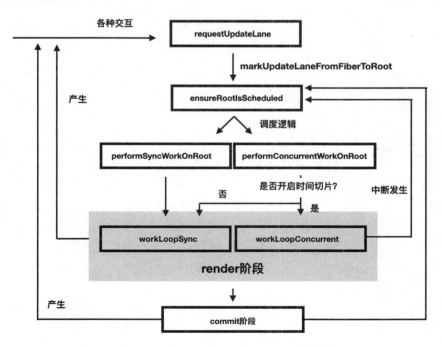

图 5-12　以"React 中具体方法名"表示的流程概览

5.4.1 初始化 lane

交互使得"更新相关的信息"初始化，主要包括以下三类信息：
- lane 优先级信息
- "更新"对应的数据结构 Update
- 交互发生的时间

决定"lane 优先级信息"的方法如下：

```
function requestUpdateLane(fiber) {
  let mode = fiber.mode;

  if ((mode & ConcurrentMode) === NoMode) {
    // 非并发模式，产生同步优先级
    return SyncLane;
  } else if ( (executionContext & RenderContext) !== NoContext &&
workInProgressRootRenderLanes !== NoLanes) {
    // render 阶段产生的 update，返回 render 阶段进行中的优先级
    return pickArbitraryLane(workInProgressRootRenderLanes);
  }

  let isTransition = requestCurrentTransition() !== NoTransition;
  if (isTransition) {
    // transition 相关优先级
    if (currentEventTransitionLane === NoLane) {
      currentEventTransitionLane = claimNextTransitionLane();
    }

    return currentEventTransitionLane;
  }

  // 使用手动设置的优先级
  let updateLane = getCurrentUpdatePriority();

  if (updateLane !== NoLane) {
```

```
  return updateLane;
}

// 获取事件优先级
let eventLane = getCurrentEventPriority();
return eventLane;
}
```

"lane 优先级信息"依次由以下五种情况决定。

（1）如果当前应用未开启并发模式，则返回 SyncLane，对应"同步优先级"。

这也是"即使架构支持，未开启并发模式的 v16、v17 仍是同步更新"的原因。v16、v17 中未开启并发模式时产生的 update 始终是 SyncLane。

（2）是否是"render 阶段更新"。

举例来说，对于如下 App 组件：

```
function App() {
  const [num, updateNum] = useState(0);
  if (num === 3) {
    updateNum(100);
  }
  return <p onClick={() => updateNum(num + 1)}>{num}</p>;
}
```

在正常情况下，"状态更新"是由"触发点击事件"这一交互行为造成的。但是当 num === 3 时，App 会在 render 阶段触发更新。因为"render 阶段更新"可能造成"无限循环更新"（反复进入 render 阶段），所以 React 会警告开发者。具体来讲，满足如下条件会被判定为"render 阶段更新"：

```
(executionContext & RenderContext) !== NoContext &&
workInProgressRootRenderLanes !== NoLanes
```

其中 executionContext 用来标记"React 内部的不同运行阶段"，RenderContext 是"executionContext 在 render 阶段会被标记的位"。同理：

- CommitContext 代表"当前处在 commit 阶段"；
- BatchedContext 代表"当前处在'批量更新'上下文"。

workInProgressRootRenderLanes 代表"当前应用 render 阶段需要处理的 lanes"。图 5-9 所示的"选出一批优先级"流程，选出的 lanes 就保存在 workInProgressRootRenderLanes 中。与 workInProgressRootRenderLanes 相关的另外两个 lanes 分别是：

- subtreeRenderLanes，代表"子树在 render 阶段包含的 lane"；
- workInProgressRootIncludedLanes 代表"render 阶段所有可能出现的 lane"。

当 render 阶段开始时，上述三个 lanes 相同。当 beginWork 进行到 SuspenseComponent、OffscreenComponent 时，subtreeRenderLanes 与 workInProgressRootIncludedLanes 会附加"相关 lanes"。当 completeWork 离开 SuspenseComponent、OffscreenComponent 时，subtreeRenderLanes 会移除"相关 lanes"，所以它们的关系是：

```
(workInProgressRootIncludedLanes & subtreeRenderLanes) !== NoLanes;
(subtreeRenderLanes & workInProgressRootRenderLanes) !== NoLanes;
```

从这里也能看出 lanes 可以灵活地表示"一批优先级（lane）"的概念。

回到主题，当满足以下条件时：

- 当前处于"render 阶段上下文"（通过 executionContext 判断）；
- workInProgressRootRenderLanes 存在。

则可断定：当前属于"render 阶段更新"。此时从 workInProgressRootRenderLanes 中选择"最高优先级的 lane"作为本次更新的优先级。

（3）是否与 transition 相关。

如果本次更新与 transition 相关，会在此时计算优先级。

注

useTransition 会在 8.8 节介绍。

（4）是否有"手动设置的优先级"。

Scheduler 提供的 runWithPriority 方法可以设置"回调函数上下文的优先级"：

```
function runWithPriority(priority, fn) {
  let previousPriority = currentUpdatePriority;

  try {
    currentUpdatePriority = priority;
```

```
    return fn();
  } finally {
    currentUpdatePriority = previousPriority;
  }
}
```

通过这种方式设置优先级后，回调函数在执行期间，可以通过 getCurrentUpdatePriority 方法获取"手动设置的优先级"：

```
function getCurrentUpdatePriority() {
  return currentUpdatePriority;
}
```

（5）事件的优先级。

如果以上情况都没有命中，则默认这是"事件中产生的更新"。React 通过 window.event.type 获取"当前事件的类型"，并根据 5.3.1 节提到的规则返回对应优先级。

5.4.2 从 fiberNode 到 FiberRootNode

由于参与调度的是 FiberRootNode，而产生 update 的是某一 fiberNode，因此需要从"产生 update 的 fiberNode"向上遍历直到 FiberRootNode，执行该逻辑的方法叫作 markUpdateLaneFromFiberToRoot。

在向上遍历的过程中，5.4.1 节提到的"通过 requestUpdateLane 方法选定的 lane"会附加在每一级父 fiberNode 的 childLanes 中：

```
function markUpdateLaneFromFiberToRoot(sourceFiber, lane) {
  // 选定的 lane 附加在源 fiberNode 的 lanes 中
  sourceFiber.lanes = mergeLanes(sourceFiber.lanes, lane);
  let alternate = sourceFiber.alternate;

  if (alternate !== null) {
    alternate.lanes = mergeLanes(alternate.lanes, lane);
  }
```

```
let node = sourceFiber;
let parent = sourceFiber.return;

while (parent !== null) {
  // 选定的 lane 附加在每一级父 fiberNode 的 childLanes 中
  parent.childLanes = mergeLanes(parent.childLanes, lane);
  alternate = parent.alternate;

  if (alternate !== null) {
    alternate.childLanes = mergeLanes(alternate.childLanes, lane);
  }

  node = parent;
  parent = parent.return;
}

if (node.tag === HostRoot) {
  let root = node.stateNode;
  return root;
} else {
  return null;
}
}
```

随着遍历流程层层向上，每个祖先 fiberNode 的 childLanes 中都会附加"源 fiberNode 通过 requestUpdateLane 方法选定的 lane"，这一过程可以称作"lanes 冒泡"。其中 mergeLanes 方法用于合并两个 lane：

```
function mergeLanes(a, b) {
  return a | b;
}
```

lanes 冒泡的意义是服务于"render 阶段一项重要的优化策略"，将在 6.5 节详细介绍。简单来说，在 beginWork 中，如果 workInProgress.childLanes 不包含在 renderLanes 中，代表"该 fiberNode 的子孙 fiberNode 中不存在'本次 render 阶段选定的 lanes'"，可以跳过子孙 fiberNode 的 render 流程：

```
// beginWork 中的优化策略
if (!includesSomeLane(renderLanes, workInProgress.childLanes)) {
  // 命中优化策略
}
```

其中，includesSomeLane 的实现如下：

```
function includesSomeLane(a, b) {
  return (a & b) !== NoLanes;
}
```

向上遍历的流程会进行到 HostRoot，最终返回 HostRoot.stateNode，即 FiberRootNode。此时，markRootUpdated 方法会在 FiberRootNode.pendingLanes 中附加上"本次更新对应的 lane"，在 FiberRootNode.eventTimes 中记录"交互发生的时间"。

5.4.3　调度 FiberRootNode

在 5.1 节的简易实现中，schedule 方法的工作流程包括：

（1）选定一个优先级；

（2）执行一些调度策略；

（3）使用 Scheduler 调度 perform 方法。

React 中对应的逻辑会更复杂，主要包括：

（1）决定 workInProgressRootRenderLanes，即"参与本次 render 阶段的 lanes"；

（2）一些与简易实现类似的调度策略；

（3）执行"同步更新流程（React 调度）"或"并发更新流程（Scheduler 调度）"。

以上逻辑主要发生在 ensureRootIsScheduled 方法中。首先来看 workInProgressRootRenderLanes 的选定逻辑，该逻辑发生在 getNextLanes 方法中：

```
function getNextLanes(root, wipLanes) {
  let pendingLanes = root.pendingLanes;

  if (pendingLanes === NoLanes) {
    // 没有"未完成的 lane"
```

```
    return NoLanes;
}

let nextLanes = NoLanes;
// 由于请求导致 Suspense 挂起，标记的 lanes
let suspendedLanes = root.suspendedLanes;
// Suspense 请求完毕后，解锁之前挂起的流程，标记的 lanes
let pingedLanes = root.pingedLanes;

// 非空闲的 lanes
let nonIdlePendingLanes = pendingLanes & NonIdleLanes;

if (nonIdlePendingLanes !== NoLanes) {
  // 非空闲 lanes 中排除挂起的 lanes
  let nonIdleUnblockedLanes = nonIdlePendingLanes & ~suspendedLanes;

  if (nonIdleUnblockedLanes !== NoLanes) {
    // 获取"非空闲的 lanes"中优先级最高的 lanes
    nextLanes = getHighestPriorityLanes(nonIdleUnblockedLanes);
  } else {
    var nonIdlePingedLanes = nonIdlePendingLanes & pingedLanes;

    if (nonIdlePingedLanes !== NoLanes) {
      // 获取"被解锁的 lanes"中优先级最高的 lanes
      nextLanes = getHighestPriorityLanes(nonIdlePingedLanes);
    }
  }
} else {
  // 省略获取空闲 lanes 中优先级最高的 lanes
}

if (nextLanes === NoLanes) {
  return NoLanes;
}
```

```
  if (wipLanes !== NoLanes && wipLanes !== nextLanes && (wipLanes &
suspendedLanes) === NoLanes) {
    // 省略 Suspense 挂起相关情况
  }

  if ((nextLanes & InputContinuousLane) !== NoLanes) {
    // 将 InputContinuousLane 与 DefaultLane 纠缠在一起
    nextLanes |= pendingLanes & DefaultLane;
  }

  let entangledLanes = root.entangledLanes;
  // 省略处理其他纠缠的 lane

  return nextLanes;
}
```

上面的代码主要包括三部分逻辑：

- 选择 root.pendingLanes 中的高优先级 lane（或 lanes）组成基础 lanes；
- 处理 Suspense 相关情况；
- 处理"纠缠的 lane"相关情况。

所以，workInProgressRootRenderLanes 为两类 lanes 的并集：

```
workInProgressRootRenderLanes = 基础 lanes | 额外情况附加的 lanes;
```

选定 workInProgressRootRenderLanes 后，接下来进入调度策略。

5.4.4 调度策略

React 的调度策略可以参考 5.1 节的简易实现。在简易实现的基础上，我们来了解 React 的不同点。在 React 中同一个页面中可以创建多个应用：

```
const rootEle1 = document.getElementById('root');
const rootEle2 = document.getElementById('content');
// 创建第一个应用
ReactDOM.createRoot(rootEle1).render(<App/>);
```

```
// 创建第二个应用
ReactDOM.createRoot(rootEle2).render(<App/>);
```

多个应用对应多个 FiberRootNode，而参与调度的是 FiberRootNode。所以，"从 fiberNode 到 FiberRootNode"这一步将决定接下来调度哪个应用。

在简易实现中，我们始终使用 Scheduler 调度 perform 方法。在 React 中，如果本次调度的 workInProgressRootRenderLanes 中"优先级最高的 lane"是 SyncLane，则会进入"同步调度"的逻辑：

```
scheduleSyncCallback(performSyncWorkOnRoot.bind(null, root));
```

scheduleSyncCallback 方法的实现如下：

```
function scheduleSyncCallback(callback) {
  // 向数组 syncQueue 中保存回调函数
  if (syncQueue === null) {
    syncQueue = [callback];
  } else {
    syncQueue.push(callback);
  }
}
```

在"同步调度"逻辑中，React 会在微任务中遍历 syncQueue 并同步执行所有回调函数（即 performSyncWorkOnRoot.bind(null, root)）。这里验证了 2.1.1 节末尾提到的观点——React 的批量更新比较复杂，即同时存在宏任务和微任务的场景：

```
// scheduleMicrotask 用于在微任务中执行 flushSyncCallbacks
// flushSyncCallbacks 会遍历 syncQueue 并执行回调函数
scheduleMicrotask(flushSyncCallbacks);
```

命中"同步调度"的更新，即使后续 render 阶段、commit 阶段都是同步执行，但由于"在微任务中批量处理同步更新"机制的存在，使得触发更新后无法立刻获取更新后的值，参考示例 5-3。

示例 5-3：

```
class App extends Component {
  onClick() {
    // 触发更新
```

```
  this.setState({num: 100});
  // 即使更新是同步的，触发更新后无法立刻获取更新后的值
  console.log(this.state.num === 100); // 结果为 false
 }
 // 省略代码
}
```

performSyncWorkOnRoot 最终会执行 workLoopSync，由此开启的 render 阶段不会被打断：

```
function workLoopSync() {
  while (workInProgress !== null) {
    performUnitOfWork(workInProgress);
  }
}
```

如果本次调度的 workInProgressRootRenderLanes 中"最高优先级的 lane"并非 SyncLane，根据 5.3.1 节介绍的转换规则，则会将"最高优先级的 lane"调整为"Scheduler 使用的优先级"，并使用 Scheduler 调度回调函数（即调度 performConcurrentWorkOnRoot.bind(null, root)）：

```
scheduleCallback(schedulerPriorityLevel,
performConcurrentWorkOnRoot.bind(null, root));
```

performConcurrentWorkOnRoot 方法会根据"当前是否需要开启 Time Slice"决定"render 阶段是否可中断"：

```
shouldTimeSlice ? renderRootConcurrent(root, lanes) :
renderRootSync(root, lanes);
```

未开启 Time Slice 时，执行 workLoopSync。开启时，执行 workLoopConcurrent：

```
function workLoopConcurrent() {
  // render 阶段可中断
  while (workInProgress !== null && !shouldYield()) {
    performUnitOfWork(workInProgress);
  }
}
```

"当前是否需要开启 Time Slice"的规则将在 5.4.5 节讲解。

5.4.5 解决饥饿问题

在 5.1.3 节的简易实现中曾提到饥饿问题：当一个 work 长时间未执行完，随着时间推移，当前时间离 work.expirationTime 越近，work 优先级越高。当 work.expirationTime 小于当前时间，代表相应的 work 过期，表现为"回调函数传入的 didTimeout 参数"为 true。在 React 中，"解决饥饿问题"视角下的工作流程如图 5-13 所示。

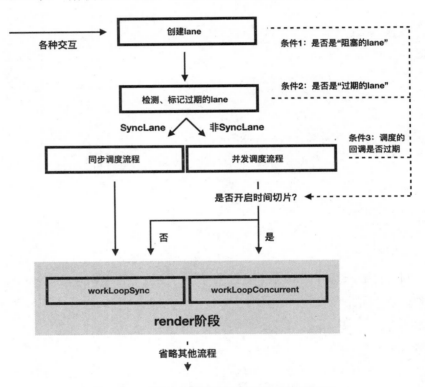

图 5-13　"解决饥饿问题"视角下的工作流程

具体来说，有以下两个维度的饥饿问题需要解决。

（1）与简易实现类似，"调度的回调函数"存在饥饿问题。

在 React 中，Scheduler 调度的回调函数是 performConcurrentWorkOnRoot.bind(null, root)。通过 Scheduler 向回调函数传递的 didTimeout 参数用于标记"work 是否过期"（即图 5-13 中的条件 3），进而影响是否开启 Time Slice。

（2）"更新"本身存在饥饿问题，进而影响是否开启 Time Slice（即图 5-13 中的条件 2）。

5.4.1 节提到，交互会初始化"更新相关信息"，其中包含"交互发生的时间"。在"调度策略"中，有一步骤与"lane 是否过期"相关。这一步骤会根据"交互发生的时间"为"更新对应的 lane"设置过期时间，执行这一步骤的方法叫作 markStarvedLanesAsExpired：

```
function markStarvedLanesAsExpired(root, currentTime) {
  let pendingLanes = root.pendingLanes;
  let suspendedLanes = root.suspendedLanes;
  let pingedLanes = root.pingedLanes;
  let expirationTimes = root.expirationTimes;

  let lanes = pendingLanes;
  // 遍历 root.pendingLanes
  while (lanes > 0) {
    let index = pickArbitraryLaneIndex(lanes);
    let lane = 1 << index;
    let expirationTime = expirationTimes[index];

    if (expirationTime === NoTimestamp) {
      // 为未设置过期时间的 pendingLane 设置对应过期时间
      if ((lane & suspendedLanes) === NoLanes || (lane & pingedLanes) !== NoLanes) {
        // 为 pendingLanes 中"非挂起的 lane"或"解除挂起的 lane"设置过期时间
        expirationTimes[index] = computeExpirationTime(lane, currentTime);
      }
    } else if (expirationTime <= currentTime) {
      // 在 root.expiredLanes 中记录过期 lane
      root.expiredLanes |= lane;
    }
    lanes &= ~lane;
  }
}
```

markStarvedLanesAsExpired 方法接收 FiberRootNode 及"交互发生的时间"作为参数，遍历 root.pendingLanes，对遍历到的每个 lane 执行如下操作：

- 为"没有设置过期时间"，且满足"不属于'挂起状态'或属于'解除挂起状态'"的 lane 设置过期时间；
- 判断"已设置过期时间的 lane"是否过期，如果过期则在 root.expiredLanes 中标记"过期的 lane"。

"具体的过期时间"保存在 root.expirationTimes 中。作为一个"长度为 31 的数组"，可以保存"31 个 lane 对应的过期时间"。computeExpirationTime 方法提供了"过期时间的计算方式"——在'交互发生的时间'基础上增加一个值：

```
function computeExpirationTime(lane, currentTime) {
  switch (lane) {
    case SyncLane:
    case InputContinuousHydrationLane:
    case InputContinuousLane:
      return currentTime + 250;
    case DefaultHydrationLane:
    case DefaultLane:
    case TransitionHydrationLane:
    case TransitionLane1:
    case TransitionLane2:
    case TransitionLane3:
    case TransitionLane4:
    case TransitionLane5:
    case TransitionLane6:
    case TransitionLane7:
    case TransitionLane8:
    case TransitionLane9:
    case TransitionLane10:
    case TransitionLane11:
    case TransitionLane12:
    case TransitionLane13:
    case TransitionLane14:
```

```
    case TransitionLane15:
    case TransitionLane16:
      return currentTime + 5000;
    case RetryLane1:
    case RetryLane2:
    case RetryLane3:
    case RetryLane4:
    case RetryLane5:
      return NoTimestamp;
    case SelectiveHydrationLane:
    case IdleHydrationLane:
    case IdleLane:
    case OffscreenLane:
      return NoTimestamp;
    default:
      return NoTimestamp;
  }
}
```

比如，对于 InputContinuousLane，过期时间为 currentTime + 250。即"当触发一个优先级为 InputContinuousLane 的更新，在自交互发生起的 250 毫秒后，该 lane 会过期"。

本节介绍的两个维度的饥饿问题最终都会影响 performConcurrentWorkOnRoot 方法中对"是否开启 Time Slice"的判断：

```
//是否开启Time Slice
let shouldTimeSlice = !includesBlockingLane(root, lanes)
   && !includesExpiredLane(root, lanes) && (!didTimeout);
```

总结一下，shouldTimeSlice 由三个条件决定：

- 不包含"阻塞的 lane"。

includesBlockingLane 方法中的几种 lane 被认为是"会阻塞页面交互"的 lane，应该同步处理：

```
function includesBlockingLane(root, lanes) {
  // 以下几个lane被认为是"同步执行的lane"
  let SyncDefaultLanes = InputContinuousHydrationLane |
```

```
InputContinuousLane | DefaultHydrationLane | DefaultLane;
  return (lanes & SyncDefaultLanes) !== NoLanes;
}
```

- 不包含"过期的 lane"。

  即不包含"存在于 root.expiredLanes 中的 lane"。

- "Scheduler 调度的回调函数"未过期。

  即"传入的 didTimeout 参数"不为 true。

当以上三个条件不同时满足时，shouldTimeSlice 为 false，render 阶段会同步执行，不可打断。

5.4.6　root.pendingLanes 工作流程

了解 lane 模型的理念、实现、架构后，本节将讲解一种 lanes 的工作流程。root.pendingLanes 代表"当前 FiberRootNode 下'未执行的更新对应 lane'的集合"，其应用场景比较广泛，比如：

```
// 获取当前 FiberRootNode 下"未执行的更新对应的优先级最高的 lanes"
function getHighestPriorityPendingLanes(root) {
  return getHighestPriorityLanes(root.pendingLanes);
}

// 基于 root.pendingLanes 选出本次更新的 lanes
function getNextLanes(root, wipLanes) {
  let pendingLanes = root.pendingLanes;
  // 省略代码
}

// 基于 root.pendingLanes 标记过期 lanes
function markStarvedLanesAsExpired(root, currentTime) {
  let pendingLanes = root.pendingLanes;
  // 省略代码
}
```

与 root.pendingLanes 相关的工作流程可以理解为"'本次更新对应的 lane'的产生、消费、重置流程"，完整流程如图 5-14 所示。

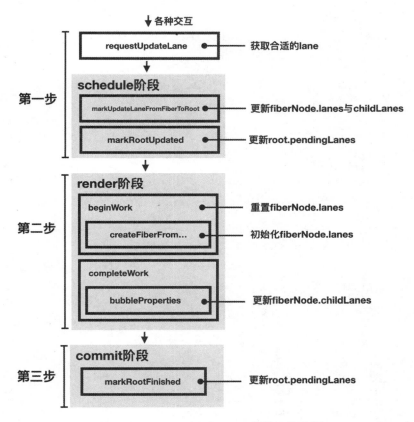

图 5-14　root.pendingLanes 相关工作流程

与 root.pendingLanes 配合紧密的另两个 lanes 的定义如下：

- fiberNode.lanes，表示"本次更新后该 fiberNode 中'待执行的 lanes'"；
- fiberNode.childLanes，表示"本次更新后该 fiberNode 子孙中'待执行的 lanes'"。

三者的关系如下：

```
// 两者的并集是"本次更新后 HostRootFiber 及其子孙中待执行的 lanes"
const remainingLanes = HostRootFiber.lanes | HostRootFiber.childlanes;
// 从"所有待执行 lanes"中移除"本次更新后待执行 lanes"，代表"pendingLanes 中在
本次更新中执行的 lanes"
```

```
const noLongerPendingLanes = root.pendingLanes & ~remainingLanes;
```

如图 5-14 所示，整个流程分为三步。第一步，交互发生后产生新的 lane。由于"lanes 冒泡"，从目标 fiberNode 向上遍历，遍历过程中的 fiberNode.childLanes 和最终的 root.pendingLanes 中会附加该 lane。这一步是"lane 的产生阶段"，经由调度后进入 render 阶段。

第二步，在 render 阶段，每当进入一个 fiberNode 的 beginWork 时，该 fiberNode 会消费 lanes，具体消费方式为"根据 lanes 对应 update，计算 state"，所以该 fiberNode.lanes 会被重置，代表"对应 lanes 被消费"：

```
// 在 beginWork 中重置 lanes
workInProgress.lanes = NoLanes;
```

beginWork 消费的 lanes 也需要在每一级祖先 fiberNode.childLanes 中被移除。3.4.2 节曾提到"render 阶段的 completeWork 会进行'flags 冒泡'"，借由这一"fiberNode 向上遍历"的契机，每一级祖先 fiberNode.childLanes 会被更新：

```
// 此过程会一直向上遍历
while (child !== null) {
  // 更新每一级祖先的 childLanes
  newChildLanes = mergeLanes(newChildLanes, mergeLanes(child.lanes,
child.childLanes));
  // flags 冒泡
  subtreeFlags |= child.subtreeFlags;
  subtreeFlags |= child.flags;
  // 省略代码
  child = child.sibling;
}
```

如果遇到"lanes 消费失败的场景"（比如 Suspense 造成的挂起），则 fiberNode.lanes 会在 completeWork 中被 subtreeRenderLanes 重置，代表"对于该 fiberNode，subtreeRenderLanes 对应 lanes 在本次 render 阶段并未执行"。

第三步，当 render 阶段完成进入 commit 阶段，表示进入了 lane 模型一轮工作的收尾阶段。在 commit 阶段的三个子阶段开始执行前，会执行一些重置操作：

```
// 重置本次更新的 HostRootFiber
```

```
root.finishedWork = null;
// 重置本次更新的 lanes
root.finishedLanes = NoLanes;
// 重置本次更新调度的回调函数
root.callbackNode = null;
// 重置本次更新调度的回调函数的优先级
root.callbackPriority = NoLane;

// HostRootFiber 及其子孙 fiber 中所有待执行 lane 的集合
let remainingLanes = mergeLanes(finishedWork.lanes,
finishedWork.childLanes);
// lanes 相关重置操作
markRootFinished(root, remainingLanes);

if (root === workInProgressRoot) {
  // 已经进入 commit 阶段，重置 wip 相关全局变量
  workInProgressRoot = null;
  workInProgress = null;
  workInProgressRootRenderLanes = NoLanes;
}
```

其中，markRootFinished 方法会重置 lanes 相关数据：

```
function markRootFinished(root, remainingLanes) {
  // 以下两行代码已在上文讲解
  let noLongerPendingLanes = root.pendingLanes & ~remainingLanes;
  root.pendingLanes = remainingLanes;

  // 重置 lanes
  root.suspendedLanes = 0;
  root.pingedLanes = 0;
  // 从各种 lanes 中移除"已被消费的 lanes"
  root.expiredLanes &= remainingLanes;
  root.mutableReadLanes &= remainingLanes;
  root.entangledLanes &= remainingLanes;
```

```
  let entanglements = root.entanglements;
  let eventTimes = root.eventTimes;
  let expirationTimes = root.expirationTimes;

  let lanes = noLongerPendingLanes;
  // 重置过期时间及"纠缠的 lanes"
  while (lanes > 0) {
    let index = pickArbitraryLaneIndex(lanes);
    let lane = 1 << index;
    entanglements[index] = NoLanes;
    eventTimes[index] = NoTimestamp;
    expirationTimes[index] = NoTimestamp;
    lanes &= ~lane;
  }
}
```

其中，以下代码更新了 root.pendingLanes：

```
// 用"HostRootFiber 及其子孙中待执行的 lanes"更新 pendingLanes
root.pendingLanes = remainingLanes;
```

以下代码重置了"本次更新中执行的 lanes 对应的过期时间及纠缠的 lanes"：

```
// pendingLanes 中在本次更新中执行的 lanes
let noLongerPendingLanes = root.pendingLanes & ~remainingLanes;

let lanes = noLongerPendingLanes;
while (lanes > 0) {
  // 省略重置过期时间及"纠缠的 lanes"
}
```

至此，root.pendingLanes 相关工作流程完成。

5.5 Batched Updates

Batched Updates（批量更新）属于一种性能优化手段，参考示例 5-4。

示例 5-4：
```
const App = () => {
  const [num, updateNum] = useState(0);
  const onClick = () => {
    updateNum(num + 1);
    updateNum(num + 1);
    updateNum(num + 1);
    updateNum(num + 1);
  }
  return <div onClick={onClick}>{num}</div>;
}
```

触发点击事件后，只会进入一次 render 阶段。这种"将多次更新流程合并为一次处理的技术，被称作 Batched Updates"。注意不要将这里的"Batched"（译为"批"）与 lanes 的概念混淆。Batched Updates 是指"一到多个更新流程的合并"，lanes 是指"一到多个 lane 的集合"。

5.5.1 Batched Updates 发展史

v18 的 Batched Updates 被称为 Automatic Batching（自动批量更新），是因为在 v18 中，Batched Updates 是由"基于 lane 模型的调度策略"自动完成的。之前版本的 React 中则是半自动批量更新与手动批量更新。

首先来了解"手动批量更新"。React 内部提供了 batchedUpdates 方法，用于在 BatchedContext 上下文环境中执行回调函数：

```
function batchedUpdates(fn, a) {
  let prevExecutionContext = executionContext;
  executionContext |= BatchedContext;

  try {
    return fn(a);
  } finally {
    executionContext = prevExecutionContext;
```

```
    // 省略
  }
}
```

fn 执行过程中，全局变量 executionContext 始终包含 BatchedContext，代表"当前属于 BatchedContext 上下文环境"。fn 执行完成后，进入 finally 逻辑，将 executionContext 恢复为之前的上下文。对于 BatchedContext 上下文环境中触发的更新，React 会将它们合并为一次更新。开发者可以手动调用 batchedUpdates 方法按需合并更新，所以称为"手动批量更新"。

v18 之前版本会在合适的时机使用 batchedUpdates 方法执行回调函数。对于示例 5-4 中 onClick 执行的回调，源码内部会执行类似 batchedUpdates(onClick, args)的代码。虽然这一过程是由 React 自动完成的，但这属于"半自动批量更新"。这是由于 batchedUpdates 方法内"操作 BatchedContext 的逻辑"是同步执行的，因此"异步触发的更新"并不能自动批量更新。对于如下回调函数中触发的更新，当 setTimeout 回调函数执行时，早已跳出 batchedUpdates 调用栈，executionContext 已经不包含 BatchedContext，所以此时触发的更新不会自动批量更新：

```
const onClick = () => {
  setTimeout(() => {
    updateNum(num + 1);
    updateNum(num + 1);
  });
}
```

那么"自动批量更新"是如何实现的呢？不管同步还是异步，所有更新都会经历 schedule 阶段，v18 将自动批量更新交由 schedule 阶段的调度策略完成，实现了自动化。具体来讲，v18 将"优先级"作为自动批量更新的依据。在 5.4.4 节提到，对于 SyncLane，更新会在微任务队列中被调度执行。对于非 SyncLane，在 5.1.2 节简易实现的调度策略中，部分代码如下：

```
// 获取当前优先级最高的 work 的优先级
const {priority: curPriority} = curWork;
if (curPriority === prevPriority) {
  // 如果优先级相同，则不需要重新调度，退出调度
```

```
    return;
}
```

当有 work 正在调度时产生了"同优先级"的新 work，新 work 会命中该逻辑，不会产生新的调度。这意味着在上述"setTimeout 回调中触发多次更新"的场景中，第一次更新会产生调度，后续更新都会命中上述逻辑，不会产生新的调度。这就是 v18 中"自动批量更新"的实现原理。

5.5.2　不同框架 Batched Updates 的区别

Batched Updates 是常见的运行时性能优化策略，已经在很多前端框架中得以实现。但不同框架限于自身特点，"合并更新的粒度"并不相同，这就造成同样的代码逻辑在不同前端框架中可能会有不同结果。根据 5.4.4 节所述，React 同时存在"使用微任务调度的同步调度策略"与"使用宏任务调度的并发调度策略"，这使得其自动批量更新也有两种可能，而 Svelte 则主要使用微任务实现自动批量更新。

示例 5-5 中展示了一段 Svelte 代码，点击 H1 后执行 onClick，触发三次更新。由于批量更新，三次更新会合并为一次。我们分别以同步、微任务、宏任务的形式打印渲染结果。

示例 5-5：
```
<script>
  let count = 0;
  let dom;
  const onClick = () => {
    // 三次更新合并为一次
    count++;
    count++;
    count++;
    console.log("同步结果：", dom.innerText);
    Promise.resolve().then(() => {
      console.log("微任务结果：", dom.innerText);
    });
```

```
    setTimeout(() => {
      console.log("宏任务结果：", dom.innerText);
    });
  }
</script>

<h1 bind:this={dom} on:click={onClick}>{count}</h1>
```

用不同框架实现示例 5-5 中的代码，打印结果如下。

- Vue3

同步结果：0；微任务结果：3；宏任务结果：3

- Svelte

同步结果：0；微任务结果：3；宏任务结果：3

- Legacy Mode React

同步结果：0；微任务结果：3；宏任务结果：3

- Concurrent Mode React

同步结果：0；微任务结果：0；宏任务结果：3

开发者在进行前端框架迁移时，需要注意 Batched Updates 对代码逻辑的影响。

5.6 总结

schedule 阶段由以下部分组成：

- 执行的动力——Scheduler
- 执行的底层算法——lane 模型
- 执行的策略——调度策略
- 执行的边界情况——饥饿问题
- 低级特性——Batched Updates 等
- 高级特性——各种 Concurrent Feature

通过本章的学习，我们从"lane 的视角"了解了 React 架构的工作原理。那么 lane 如何与"UI 变化"产生联系呢？下一章会讲解完整的状态更新流程。

第 3 篇
实现篇

- ❖ 第 6 章　状态更新流程
- ❖ 第 7 章　reconcile 流程
- ❖ 第 8 章　FC 与 Hooks 实现

第 6 章 状态更新流程

lane 与 UI 的关系通过如下方式建立：

（1）lane 与 update 相关；

（2）update 与 state 相关；

（3）state 与 UI 相关。

update 的产生与消费过程如图 6-1 所示。

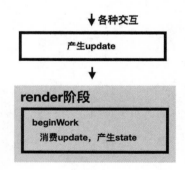

图 6-1　update 的产生与消费

5.4.1 节曾提到，交互会初始化"更新相关信息"，主要包括三类信息：

（1）lane 优先级信息；

（2）"更新"对应数据结构 Update；

（3）交互发生的时间。

对于 FC，Update 数据结构如下，其中包含 lane 字段，这就建立了"lane 与 update 的联系"：

```
const update = {
  // 对应 lane
  lane,
  // 改变 state 的方法
  action,
  // 性能优化相关字段
  hasEagerState: false,
  eagerState: null,
  // 与其他 update 连接形成环状链表
  next: null
};
```

接下来在 render 阶段 beginWork 中，基于"workInProgressRootRenderLanes 中包含的 lane"，选择 fiberNode 中"包含对应 lane 的 update"，并基于这些 update 计算出 state。这就建立了 update 与 state 的联系。

基于 state 计算出"UI 变化"，以 subtreeFlags 的形式保存。最终在 commit 阶段，基于 subtreeFlags 将变化渲染到 UI 中。这就建立了 state 与 UI 的联系。本章将深入讲解以上流程的具体细节。

6.1 编程：简易事件系统实现

更新流程通常由"产生交互"开始，"交互"则与各种事件相关，"事件"由 React 事件系统产生。事件系统存在的意义在于——React 用 Fiber Tree 这一数据结构描述 UI，事件系统则基于 Fiber Tree 描述 UI 交互。对于 ReactDOM 宿主环境，这套事件系统由如下两部分组成：

（1）SyntheticEvent（合成事件）

SyntheticEvent 是对浏览器原生事件对象的一层封装，兼容主流浏览器，同时拥有与浏览器原生事件相同的 API，如 stopPropagation 和 preventDefault。SyntheticEvent 存在的目的是消除不同浏览器在"事件对象"间的差异，但是对于不支持某一事件的浏览器，SyntheticEvent 并不会提供 polyfill（因为这会显著增加 ReactDOM 的体积）。比如，并不是所有浏览器都支持"指针事件"，对于不支持"指针事件"的浏览器可以在"鼠标事件"的基础上扩展。

（2）模拟实现事件传播机制

利用事件委托的原理，React 基于 Fiber Tree 实现了事件的"捕获、目标、冒泡"流程（类似原生事件在 DOM 元素中传递的流程），并在这套事件传播机制中加入了许多"新特性"，比如：

- 不同事件对应不同优先级
- 定制事件名

事件统一采用形如"onXXX"的驼峰写法，事件名可以带后缀（如 onClickCapture）。

- 定制事件行为

onChange 的默认行为与原生 oninput 相同。

React 的事件系统需要考虑许多边界情况，代码量非常大。本节通过"实现一个简易版本的事件系统"来学习 React 事件系统的原理。

对于下面的 JSX 代码：

```
const jsx = (
  <section onClick={(e) => console.log("click section")}>
    <h3>你好</h3>
    <button
      onClick={(e) => {
        // e.stopPropagation();
        console.log("click button");
      }}
    >
      点击
    </button>
  </section>
);
```

在浏览器中渲染：

```
const root = document.querySelector("#root");
ReactDOM.createRoot(root).render(jsx);
```

点击按钮，会依次打印：

```
click button
click section
```

如果取消 onClick 回调函数中的注释 e.stopPropagation()，点击后会打印：

```
click button
```

我们的目标是"将 JSX 中的 onClick 替换为 ONCLICK，但是点击后的效果不变"。即我们将基于 React 定制一套事件系统，事件名的书写规则是形如"ONXXX"的"全大写形式"。

6.1.1 实现 SyntheticEvent

实际的 SyntheticEvent 包含许多属性和方法，这里出于演示目的只实现其简易版本：

```
class SyntheticEvent {
  constructor(e) {
    // 保存原生事件对象
    this.nativeEvent = e;
  }
  stopPropagation() {
    this._stopPropagation = true;
    if (this.nativeEvent.stopPropagation) {
      // 调用原生事件的 stopPropagation 方法
      this.nativeEvent.stopPropagation();
    }
  }
}
```

上面的代码接收"原生事件对象"，返回包装对象，同时实现了 stopPropagation 方法。

6.1.2 实现事件传播机制

对于可以冒泡的事件,事件传播机制的实现步骤如下:

(1)在根元素绑定"事件类型对应的事件回调",所有子孙元素触发该类事件最终都会委托给"根元素的事件回调"处理;

(2)寻找触发事件的 DOM 元素,找到其对应的 fiberNode;

(3)收集从当前 fiberNode 到 HostRootFiber 之间"所有注册的该事件的回调函数";

(4)反向遍历并执行一遍收集的所有回调函数(模拟捕获阶段的实现);

(5)正向遍历并执行一遍收集的所有回调函数(模拟冒泡阶段的实现)。

首先,实现第一步:

```js
// 步骤(1)
const addEvent = (container, type) => {
  container.addEventListener(type, (e) => {
    // dispatchEvent 是需要实现的"根元素的事件回调"
    dispatchEvent(e, type.toUpperCase(), container);
  });
};
```

然后,以"点击事件回调"为例,在入口处注册:

```js
const root = document.querySelector("#root");
ReactDOM.createRoot(root).render(jsx);
// 增加如下代码
addEvent(root, "click");
```

接下来,实现"根节点的事件回调":

```js
const dispatchEvent = (e, type) => {
  // 包装合成事件
  const se = new SyntheticEvent(e);
  const ele = e.target;

  // 步骤(2):通过 DOM 元素找到对应的 fiberNode
  let fiber;
  for (let prop in ele) {
```

第 6 章 状态更新流程

```
    if (prop.toLowerCase().includes("fiber")) {
      fiber = ele[prop];
    }
  }

  // 步骤（3）：收集路径中"该事件的所有回调函数"
  const paths = collectPaths(type, fiber);

  // 步骤（4）：捕获阶段的实现
  triggerEventFlow(paths, type + "CAPTURE", se);

  // 步骤（5）：冒泡阶段的实现
  if (!se._stopPropagation) {
    triggerEventFlow(paths.reverse(), type, se);
  }
};
```

6.1.3 收集路径中的事件回调函数

实现思路是：从当前 fiberNode 一直向上遍历，直到 HostRootFiber，收集遍历过程中 fiberNode.memoizedProps 属性内保存的"对应事件回调"：

```
const collectPaths = (type, begin) => {
  const paths = [];

  // 如果不是 HostRootFiber，就一直向上遍历
  while (begin.tag !== 3) {
    const { memoizedProps, tag } = begin;

    // 5 代表 DOM 元素对应 fiberNode
    if (tag === 5) {
      // 构造形如"ONXXX"形式事件回调名
      const eventName = ("on" + type).toUpperCase();
```

```
    // 如果包含对应事件回调，则保存在 paths 中
    if (memoizedProps && Object.keys(memoizedProps).includes(eventName)) {
      const pathNode = {};
      pathNode[type.toUpperCase()] = memoizedProps[eventName];
      paths.push(pathNode);
    }
  }
  begin = begin.return;
 }
 return paths;
};
```

返回的 paths 数据结构大致如下：

```
[{
  CLICK: function ONCLICK() { /* ... */ }
}, {
  CLICK: function ONCLICK() { /* ... */ }
}]
```

6.1.4 捕获、冒泡阶段的实现

由于我们是从目标 fiberNode 向上遍历，因此收集到的回调的顺序是：

[目标事件回调, 某个祖先事件回调, 某个更久远的祖先回调 ...]

模拟"捕获阶段"的实现，需要从后向前遍历数组并执行回调。遍历的方法如下：

```
const triggerEventFlow = (paths, type, se) => {
 // 从后向前遍历
 for (let i = paths.length; i--; ) {
   const pathNode = paths[i];
   const callback = pathNode[type];

   if (callback) {
     // 存在回调函数，传入合成事件，执行
     callback.call(null, se);
```

```
    }
    if (se._stopPropagation) {
      // 如果执行了 stopPropagation，取消接下来的遍历
      break;
    }
  }
};
```

在 SyntheticEvent 类中实现的 stopPropagation 方法执行后，会阻止 triggerEventFlow 继续遍历，达到"终止事件传播"的目的。

借助"捕获阶段"的实现经验，冒泡阶段很容易实现，只需将 paths 反向后再遍历一次即可：

```
if (!se._stopPropagation) {
  triggerEventFlow(paths.reverse(), type, se);
}
```

这就是"简易事件系统"的完整实现，完整代码见示例 6-1。

示例 6-1：
```
class SyntheticEvent {
  constructor(e) {
    this.nativeEvent = e;
  }
  stopPropagation() {
    this._stopPropagation = true;
    if (this.nativeEvent.stopPropagation) {
      this.nativeEvent.stopPropagation();
    }
  }
}

const triggerEventFlow = (paths, type, se) => {
  for (let i = paths.length; i--; ) {
    const pathNode = paths[i];
    const callback = pathNode[type];
    if (callback) {
```

```js
      callback.call(null, se);
    }
    if (se._stopPropagation) {
      break;
    }
  }
};

const dispatchEvent = (e, type) => {
  const se = new SyntheticEvent(e);
  const ele = e.target;
  let fiber;
  for (let prop in ele) {
    if (prop.toLowerCase().includes("fiber")) {
      fiber = ele[prop];
    }
  }
  const paths = collectPaths(type, fiber);
  triggerEventFlow(paths, type + "CAPTURE", se);
  if (!se._stopPropagation) {
    triggerEventFlow(paths.reverse(), type, se);
  }
};

const collectPaths = (type, begin) => {
  const paths = [];
  while (begin.tag !== 3) {
    const { memoizedProps, tag } = begin;
    if (tag === 5) {
      const eventName = ("on" + type).toUpperCase();
      if (memoizedProps && Object.keys(memoizedProps).includes(eventName)) {
        const pathNode = {};
        pathNode[type.toUpperCase()] = memoizedProps[eventName];
        paths.push(pathNode);
      }
```

```
  }.
  begin = begin.return;
 }
 return paths;
};

export const addEvent = (container, type) => {
 container.addEventListener(type, (e) => {
   dispatchEvent(e, type.toUpperCase(), container);
 });
};
```

在此基础上，事件类型很容易与优先级产生关联，进而与事件回调中"触发的更新对应的 lane"产生关联。

6.2 Update

React 中有许多"触发状态更新"的方法，比如：

- ReactDOM.createRoot
- this.setState
- this.forceUpdate
- useState dispatcher
- useReducer dispatcher

虽然这些方法的执行场景不同，但是都可以接入同样的更新流程，原因在于：它们使用同一种数据结构代表"更新"，这就是 Update。

6.2.1 心智模型

"代码版本管理"可以用来类比"Update 的工作原理"。在"代码版本管理"未出现前，开发者逐步迭代需求，一切看起来井然有序，直到遇到紧急线上 bug，如图 6-2 所示。

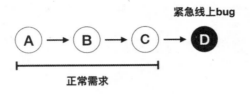

图 6-2　代码版本管理示例 1

为了修复 bug D，需要先将 A、B、C 需求的代码提交。在"同步执行 render 阶段的旧版本 React"中，采用类似的方式更新 state。即没有"优先级"的概念，"高优先级更新 D"需要排在其他"更新"后面执行。

当"代码版本管理"出现后，有紧急线上 bug 需要修复时，可以暂存当前分支的修改，在 master 分支修复 bug 并紧急上线，如图 6-3 所示。

bug 修复上线后，通过 git rebase 命令与"开发分支"连接。"开发分支"基于"修复 bug 的版本"继续开发，如图 6-4 所示。

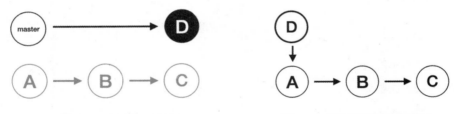

图 6-3　代码版本管理示例 2　　　　图 6-4　代码版本管理示例 3

"并发更新的 React"也拥有类似的能力。"高优先级 update"（线上紧急 bug）会中断正在进行中的"低优先级 update"（正常需求），先完成更新流程。待完成后，"低优先级 update"基于"高优先级 update 计算出的 state"重新完成更新流程。

6.2.2　数据结构

FiberNode 中存在多种 tag，对应不同功能的组件（比如 ClassComponent 与 HostComponent），所以同一字段在不同 FiberNode 中可能有不同的作用，甚至有不同的数据结构。将 6.2 节中"触发状态更新"的方法按所属 tag 分类：

- ReactDOM.createRoot 对应 HostRoot
- this.setState 对应 ClassComponent
- this.forceUpdate 对应 ClassComponent
- useState 对应 FunctionComponent
- useReducer 对应 FunctionComponent

以上方法对应三种 tag：HostRoot、ClassComponent、FunctionComponent。存在两种不同数据结构的 Update，其中 ClassComponent 与 HostRoot 共用一种 Update 结构，FunctionComponent 单独使用一种 Update 结构。

ClassComponent 与 HostRoot 所使用的 Update 结构如下：

```
function createUpdate(eventTime, lane) {
  let update = {
    eventTime,
    lane,
    // 区分触发更新的场景
    tag: UpdateState,
    payload: null,
    // UI 渲染后触发的回调函数，结合 4.2 节理解
    callback: null,
    next: null
  };
  return update;
}
```

其中 tag 字段用于区分"触发更新的场景"，可选项包括：

- ReplaceState 代表"在 ClassComponent 生命周期函数中直接改变 this.state"。
- UpdateState 代表"默认情况，通过 ReactDOM.createRoot 或 this.setState 触发更新"。
- CaptureUpdate 代表"发生错误的情况下在 ClassComponent 或 HostRoot 中触发更新"（比如通过 getDerivedStateFromError 方法）。
- ForceUpdate 代表"通过 this.forceUpdate 触发更新"。

FC 所使用的 Update 结构如下：

```
const update = {
  lane,
  action,
  // 优化策略相关字段
  hasEagerState: false,
  eagerState: null,
  next: null
};
```

从"代码版本管理"角度出发，commit 需要考虑以下问题：

（1）如何表示 commit 承载的代码内容？

（2）如何表示 commit 的紧急程度？

（3）如何表示 commit 之间的顺序？

Update 的工作原理与其类似。在 Update 中，承载的内容由 payload 字段（对于 ClassComponent 与 HostRoot）或 action 字段（对于 FC）表示：

```
// HostRoot
ReactDOM.createRoot(rootEle).render(<App/>);
// 对应 update
{
  payload: {
    // HostRoot 对应 JSX, 即<App/>对应 JSX
    element
  },
  // 省略其他字段
}

// ClassComponent 情况 1
this.setState({num: 1})
// 对应 update
{
  payload: {
    num: 1
  },
  // 省略其他字段
```

```
}

// ClassComponent 情况 2
this.setState({num: num => num + 1})
// 对应 update
{
  payload: {
    num: num => num + 1
  },
  // 省略其他字段
}

// FC 使用 useState 情况 1
updateNum(1)
// 对应 update
{
  action: 1
  // 省略其他字段
}

// FC 使用 useState 情况 2
updateNum(num => num + 1)
// 对应 update
{
  action: num => num + 1
  // 省略其他字段
}
```

update 的紧急程度由 lane 字段表示。

update 之间的顺序由 next 字段表示。update.next 指向下一个 update，构成一条环状链表。React 中大量使用单向链表、环状链表。虽然在同样的场景下，数组也能实现同样的效果，但是对于"只需要顺序访问"的数据结构，链表是更合适的选择。这个解释同样适用于"为什么 Fiber 架构是类似链表的结构"。

6.2.3 updateQueue

update 是"计算 state 的最小单位",updateQueue 是保存"参与 state 计算的相关数据"的数据结构。与 update 类似,updateQueue 在不同类型的 fiberNode 中也有不同的数据结构。本节将介绍一些有共性的数据结构(对于 FC,数据结构会略有不同,但整体逻辑是一致的)。

```
const updateQueue = {
  baseState: null,
  firstBaseUpdate: null,
  lastBaseUpdate: null,
  shared: {
    pending: null,
  }
};
```

(1) baseState,代表"参与计算的初始 state",update 基于该 state 计算 state。可以类比为"心智模型中的 master 分支"。

(2) firstBaseUpdate 与 lastBaseUpdate,代表"本次更新前该 fiberNode 中已保存的 update",以链表形式存在。链表头为 firstBaseUpdate,链表尾为 lastBaseUpdate。

更新前 fiberNode 内就存在 update,是由于某些 update 优先级较低,在上次 render 阶段由 update 计算 state 时被跳过。baseUpdate 可以类比为心智模型中"执行 git rebase 基于的 commit(commit D)"。

(3) shared.pending,触发更新后,产生的 update 会保存在 shared.pending 中形成单向环状链表。计算 state 时,该环状链表会被拆分并拼接在 lastBaseUpdate 后面。

shared.pending 可以类比为心智模型中"本次需要提交的 commit"(commit ABC)。

state 计算的流程可以简单概括为两步:

(1) 将 baseUpdate 与 shared.pending 拼接成新链表。

(2) 遍历拼接后的新链表,根据 workInProgressRootRenderLanes 选定的优先级,基于"符合优先级条件的 update"计算 state。

举例说明,假设有一个 fiberNode 刚经历 commit 阶段完成渲染。该 fiberNode 上有

两个"由于优先级过低,导致在上次 render 阶段并没有处理的 update",分别被称为 u0 和 u1:

```
fiber.updateQueue.firstBaseUpdate === u0;
fiber.updateQueue.lastBaseUpdate === u1;
u0.next === u1;
```

现在,在该 fiberNode 上触发两次更新,这会先后产生两个新的 update,分别被称为 u2 和 u3,fiber.updateQueue 当前情况如图 6-5 所示。

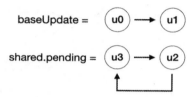

图 6-5 updateQueue 当前情况

schedule 阶段完成后进入 render 阶段,在该 fiberNode 的 beginWork 中,shared.pending 的环状链表被拆分并拼接在 updateQueue.lastBaseUpdate 后面,如图 6-6 所示。

baseUpdate = u0 → u1 → u2 → u3

图 6-6 拼接 baseUpdate

接下来遍历 updateQueue.baseUpdate,基于 updateQueue.baseState,遍历到的每个"符合优先级条件的 update"依次参与计算(该操作类比 Array.prototype.reduce),最终计算出新的 state,新的 state 被称为 memoizedState。接下来,我们来深入了解这一流程的细节。

6.2.4　产生 update

开发者可以在多种场景中触发更新,比如:
- 回调函数中,如 onClick 回调;

- 生命周期函数中，如 UNSAFE_componentWillReceiveProps 方法内；
- render 函数内。

所以，update 可能在不同的场景下产生。按"场景"划分，共有三类 update。

（1）非 React 工作流程内产生的 update，比如交互触发的更新。

（2）RenderPhaseUpdate，render 阶段产生的 update，如在 UNSAFE_componentWillReceiveProps 方法内触发更新。

（3）InterleavedUpdate，除 render 阶段外，在 React 工作流程其他阶段产生的 update。

根据场景划分的原因是不同场景下可能有优化策略或"需要额外考虑的逻辑"，比如：

- RenderPhaseUpdate 需要考虑"发生错误""无限循环更新"等情况；
- 与"非 React 工作流程内产生的 update"相比，InterleavedUpdate 则可以略过 schedule 阶段的大部分逻辑，有优化空间。

接下来，我们以"非 React 工作流程内产生的 update"作为分析对象。由于 schedule 阶段的存在，update 产生后可能并不会立刻被消费，因此当 fiberNode 中产生 update 时，有下面两种情况。

情况 1：当前 fiberNode 中不存在"未被消费的 update"，则该 update 会与自身形成环状链表。

情况 2：当前 fiberNode 中存在"未被消费的 update 组成的环状链表"，则将新 update 插入该链表中。

update 链表操作相关代码如下：

```
// 保存update的数据结构，根据fiberNode tag不同，会有所区别
let pending = shared.pending;

if (pending === null) {
  // 情况1
  update.next = update;
} else {
  // 情况2
  update.next = pending.next;
```

```
  pending.next = update;
}

shared.pending = update;
```

举例说明，假设某 fiberNode 中依次产生 u0、u1、u2、u3 四个 update，且中途都未被消费，则插入 u0 后情况如图 6-7 所示，代码如下。

```
// pending === null 时

u0.next = u0;
shared.pending = u0;
```

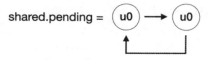

图 6-7　插入 u0

u0 与自身形成环状链表，且 shared.pending 指向链表中最后一个 update，shared.pending.next 指向链表中第一个 update。

插入 u1 后的情况如图 6-8 所示，代码如下。

```
// pending !== null 时

// 即 u1.next = u0
u1.next = pending.next;

// 即 u0.next = u1
pending.next = u1;

shared.pending = u1;
```

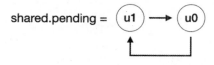

图 6-8　插入 u1

插入 u2 后的情况如图 6-9 所示，代码如下。

```
// pending !== null 时

// 即 u2.next = u0
u2.next = pending.next;

// 即 u1.next = u2
pending.next = u2;

shared.pending = u2;
```

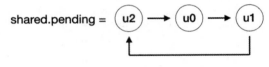

图 6-9　插入 u2

插入 u3 后的情况如图 6-10 所示，代码如下。

```
// pending !== null 时

// 即 u3.next = u0
u3.next = pending.next;

// 即 u2.next = u3
pending.next = u3;

shared.pending = u3;
```

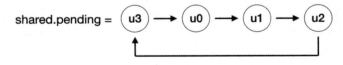

图 6-10　插入 u3

可见，shared.pending 始终指向"最后插入的 update"，shared.pending.next 始终指向"第一个插入的 update"。

6.2.5 消费 update 需要考虑的问题

useState 与 useRender 会在 render 阶段执行 updateReducer 方法，基于"完成拼接的 baseUpdate 链表"计算 state。为了计算出正确的 state，需要考虑两个问题。

（1）如何保证 update 依赖关系正确？

update 有时会依赖另一个 update，以图 6-10 所示为例，假设这四个 update 对应的 action 如下：

```
// u0
{
  action: num => num + 1
  // 省略其他字段
}
// u1
{
  action: num => num * 2
  // 省略其他字段
}
// u2
{
  action: 3
  // 省略其他字段
}
// u3
{
  action: true
  // 省略其他字段
}
```

u0、u1 依赖"前一个 update 计算的结果"再计算出新的值，而 u2、u3 则不依赖"前一个 update 计算的结果"，因为它们会将 state 直接突变为某个值。当 update 之间可能存在依赖关系时，如何在"支持跳过优先级不足的 update"同时保证"update 依赖的连续性"？

这里需要读者注意区分"优先级不足"与"优先级低"。在"基于 lane 模型的 React"中，对于 updateLane（update 的优先级）与 renderLanes（workInProgressRootRenderLanes），"优先级不足"指"updateLane 不包含在 renderLanes 的集合中"：

```
// 判断 updateLane 是否包含在 renderLanes 集合中
isSubsetOfLanes(renderLanes, updateLane)
```

其中 isSubsetOfLanes 方法实现如下：

```
function isSubsetOfLanes(set, subset) {
  return (set & subset) === subset;
}
```

而"优先级低"是两个 lane 之间"数字大小的直观比较"。

当某个 update 由于"优先级不足"被跳过时，保存在 baseUpdate 中的不仅是该 update，还包括"链表中该 update 之后的所有 update"。举例说明，考虑如下 updateQueue，其中字母代表"更新的目的是在 UI 中渲染对应字母"，数字代表 lane（值越小优先级越高）：

```
{
  baseState: '',
  baseUpdate: null,
  shared: {
    // 用 "→" 类比 "链表节点之间的连接"，其中 D2 与 A1 的连接省略未画出
    pending: A1 → B2 → C1 → D2
  },
  memoizedState: null
}
```

假设首次更新时优先级为 1，此时 A1、C1 会参与计算。由于 B2 的优先级不足，因此"它及其后面的所有 update"会保存在 baseUpdate 中作为下次更新的 update（即 B2、C1、D2）。同时，这些 update 的 lane 会被设置为 NoLane（即 0）。由于 NoLane 包含在任何 lanes 的集合中，即：

```
// true
anyLanes & 0 === 0
```

因此它们一定会在下次消费 update 时参与计算。在首次更新完成后 updateQueue 情况如下：

```
{
  baseState: 'A',
  // 经由 B2 → C1 → D2 改变 lane 后得到
  baseUpdate: B0 → C0 → D0,
  memoizedState: 'AC'
}
```

如果没有 update 被跳过，则"上一次更新计算出的 memoizedState"等于"下次更新的 baseState"，即 memoizedState 与 baseState 一致。然而，因为在第一次更新中 B2 被跳过，计算出的 state 属于"不完整的中间 state"，所以"B2 及其后面的 update 对 state 的影响"不会反映到 baseState 中。因此 baseState 为 A，而 memoizedState 为 AC。

第二次更新过程中，其余的 update 参与计算。更新完成后 updateQueue 情况如下：

```
{
  baseState: 'ABCD',
  baseUpdate: null,
  memoizedState: 'ABCD'
}
```

所有 update 均参与计算，因此 memoizedState 与 baseState 一致。通过以上方式可以在支持优先级的情况下保证 update 依赖关系正确。

（2）如何保证 update 不丢失？

启用并发特性后，render 阶段是"可中断的"。当中断发生，在最终进入 commit 阶段前，同一个 fiberNode 的 beginWork 可能会执行多次，同时会多次消费 update。如果一个 update 在"中断发生前的 beginWork"被消费，而在"中断发生后"没有被恢复，则在该 fiberNode"最终进入 commit 阶段前的那次 beginWork"中计算 state 时会由于该 update 缺失，导致计算结果产生偏差，因此需要一种措施来保证 update 不会丢失。

与"fiber 架构的双缓存机制"类似，Hook 也存在 current Hook 与 wip Hook。从 hook 的角度看，update 的消费过程如下：

（1）"wip Hook 的 pendingQueue（功能同上述介绍的 shared.pending）"与"current Hook 的 baseQueue（功能同上述介绍的 baseUpdate）"完成拼接，保存在 current Hook 中；

（2）遍历步骤 1 拼接完成的 baseQueue 链表，计算 state，该过程中会根据"update

的消费情况"形成新的 baseQueue 链表；

（3）将步骤 2 形成的 baseQueue 链表保存在 wip Hook 中。

"拼接完成的 baseQueue 链表"保存在 current Hook 中，而"消费完的 baseQueue 链表"保存在 wip Hook 中。只要 commit 阶段还未完成，current 与 wip 就不会互换。所以，即使经历多次 render 阶段，也可以从 current Hook 中恢复完整的 update 链表。

"update 拥有优先级"代表"不是所有 update 都能参与计算（由于优先级不足）"，而"update 之间的依赖"代表"互相依赖的 update 必须同时参与计算"。为了同时满足这两个相悖的条件，React 中存在"计算不完全的中间状态"与"计算完全的最终状态"。

6.2.6 消费 update

本节我们以 FC 为例，讲解"消费 update 的流程"，该流程发生于 updateReducer 方法。

首先，完成"wip Hook 的 pendingQueue"与"current Hook 的 baseQueue"的拼接：

```
// wip Hook
const hook = updateWorkInProgressHook();
// 注意，wip 与 current 共享同一个 queue
const queue = hook.queue;

// current Hook
const current = currentHook;
// 功能同 baseUpdate
let baseQueue = current.baseQueue;

// 功能同 shared.pending
const pendingQueue = queue.pending;

if (pendingQueue !== null) {
  if (baseQueue !== null) {
    // 拼接 pendingQueue 与 baseQueue
```

```
  // baseQueue 中第一个 update
  const baseFirst = baseQueue.next;
  // pendingQueue 中第一个 update
  const pendingFirst = pendingQueue.next;
  // "baseQueue 中最后一个 update" 与 "pendingQueue 中第一个 update" 连接
  baseQueue.next = pendingFirst;
  // "pendingQueue 中最后一个 update" 与 "baseQueue 中第一个 update" 连接
  pendingQueue.next = baseFirst;
}
// 拼接完成后的 baseQueue 保存在 current Hook 中
current.baseQueue = baseQueue = pendingQueue;
// shared.pending 拼接后，重置为空
queue.pending = null;
}
```

在完成拼接后，如果 baseQueue 不为 null，则遍历并计算 state：

```
if (baseQueue !== null) {
  // baseQueue 链表中第一个 update
  const first = baseQueue.next;
  // 基于该 state 开始计算
  let newState = current.baseState;
  // 下次更新的 baseState
  let newBaseState = null;
  // 下次更新的 baseQueue 链表头
  let newBaseQueueFirst = null;
  // 下次更新的 baseQueue 链表尾
  let newBaseQueueLast = null;
  // 参与 state 计算的当前 update
  let update = first;

  // 省略具体计算流程

  // 计算过程中是否有 update 被跳过
  if (newBaseQueueLast === null) {
    newBaseState = newState;
```

```
  } else {
    newBaseQueueLast.next = newBaseQueueFirst;
  }
  // 计算出的 state
  hook.memoizedState = newState;
  // 下次更新的 baseState
  hook.baseState = newBaseState;
  // 下次更新的 baseQueue
  hook.baseQueue = newBaseQueueLast;
}
```

"计算过程中是否有 update 被跳过"包括两种情况：

情况 1：newBaseQueueLast 为 null，代表"计算过程中没有 update 被跳过"，则计算出的 state 即为"最终 state"，此时 memoizedState 与 newBaseState 一致。

情况 2：计算过程中有 update 被跳过，计算出 state 为"中间 state"，此时 memoizedState 与 newBaseState 不一致，"未参与计算的 update"保存在 baseQueue 中。

相关代码如下：

```
if (newBaseQueueLast === null) {
  newBaseState = newState;
} else {
  // newBaseQueue 首尾连接形成环状链表
  newBaseQueueLast.next = newBaseQueueFirst;
}
```

下面是具体的计算过程：

```
do {
  const updateLane = update.lane;
  if (!isSubsetOfLanes(renderLanes, updateLane)) {
    // 优先级不足
    // 克隆一份当前 update
    const clone = {
      lane: updateLane,
      action: update.action,
      hasEagerState: update.hasEagerState,
```

```
      eagerState: update.eagerState,
      next: null,
    };
    if (newBaseQueueLast === null) {
      // 将"被跳过的update"加入newBaseQueue
      newBaseQueueFirst = newBaseQueueLast = clone;
      // 更新newBaseState
      newBaseState = newState;
    } else {
      // 将"被跳过的update"加入newBaseQueue
      newBaseQueueLast = newBaseQueueLast.next = clone;
    }
    // 将"消费的lane"重置
    currentlyRenderingFiber.lanes = mergeLanes(
      currentlyRenderingFiber.lanes,
      updateLane,
    );
    markSkippedUpdateLanes(updateLane);
  } else {
    // 优先级足够
    if (newBaseQueueLast !== null) {
      // 有update被跳过
      const clone = {
        lane: NoLane,
        action: update.action,
        hasEagerState: update.hasEagerState,
        eagerState: update.eagerState,
        next: null,
      };
      // 当前update加入newBaseQueue
      newBaseQueueLast = newBaseQueueLast.next = clone;
    }

    // 计算state
    if (update.hasEagerState) {
```

```
    // 性能优化策略
    newState = update.eagerState;
  } else {
    const action = update.action;
    newState = reducer(newState, action);
  }
}
// 继续遍历下一个 update
update = update.next;
} while (update !== null && update !== first);
```

然后，判断 update.lane 是否有足够优先级：

```
isSubsetOfLanes(renderLanes, updateLane)
```

当优先级不足时，会执行如下操作：

（1）克隆当前 update，加入 newBaseQueue；

（2）如果当前 update 是"第一个被跳过的 update"，则更新 newBaseState；

（3）将 beginWork 中"消费的 lane"重置。

从步骤（2）可知，下次更新的 baseState 取决于"上次更新中第一次跳过 update 时已经计算出的 state"。

当优先级足够时，会执行如下操作：

（1）如果存在"被跳过的 update"，则克隆当前 update 并加入 newBaseQueue；

（2）计算 state。

根据"优先级不足时的步骤（2）"可知，为了计算"最终 state"，需要"被跳过的 update 及其后面的所有 update 都参与计算"。所以，即使当前 update 优先级足够，只要在此之前存在"被跳过的 update"，就需要克隆当前 update 并加入 newBaseQueue，同时赋值 update.lane = NoLane。前文提到过，这是因为"NoLane 属于任何 lanes 的集合"，无论下次更新优先级如何，该 update 都会在下次更新中参与计算。这里有一个特殊情况，如果该 update 曾经命中 eagerState 优化策略，则无须计算即可获取当前 state。

eagerState 策略会在 6.5 节介绍。

6.3 ReactDOM.createRoot 流程

在接下来的 6.3 和 6.4 两节中，我们将学习两个典型的状态更新流程。如下代码执行后会开启首屏渲染流程，如图 6-11 所示。

```
ReactDOM.createRoot(root).render(<App/>);
```

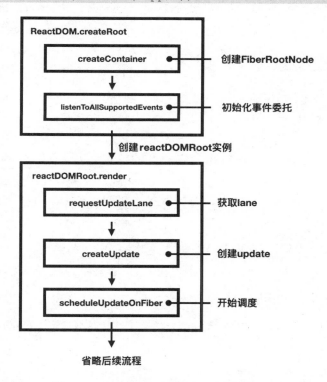

图 6-11　ReactDOM.createRoot 流程

其中 ReactDOM.createRoot(root) 执行后会返回 reactDOMRoot 实例。

reactDOMRoot.render(<App/>) 执行后会开启首屏渲染流程。其中 Update 数据结构如下：

```
const update = {
  payload: {
    // <App/>对应JSX对象
```

```
    element
  },
  tag: UpdateState,
  next: null,
  // 省略其他字段
}
```

接下来进入 schedule 阶段，调度完成后进入 render 阶段。在 HostRoot 的 beginWork 中计算 state，其中 updateQueue 数据结构如下：

```
const updateQueue = {
  baseState: {
    element: null
  },
  shared: {
    // 上述 update
    pending: update
    // 省略其他字段
  }
  // 省略其他字段
}
```

除数据结构的差异外，整个计算过程与 6.2.6 节类似，其中 update.tag 为 UpdateState。根据我们对 tag 字段的理解，ClassComponent 通过 this.setState 触发的更新也遵循上述流程。接下来的流程参考 render 阶段的 mount 流程，以及后续的 commit 阶段。

6.4 useState 流程

对于如下代码：

```
const [num, updateNum] = useState(0);
```

当 updateNum 方法执行后，会调用源码内的 dispatchSetState 方法：

```
function dispatchSetState(fiber, queue, action) {
  // 获取 lane
  const lane = requestUpdateLane(fiber);
```

```js
// 创建 update
const update = {
  lane,
  action,
  hasEagerState: false,
  eagerState: null,
  next: null,
};

if (isRenderPhaseUpdate(fiber)) {
  // render 阶段触发的更新
  enqueueRenderPhaseUpdate(queue, update);
} else {
  // 链表中插入 update
  enqueueUpdate(fiber, queue, update, lane);

  const alternate = fiber.alternate;
  if (
    fiber.lanes === NoLanes &&
    (alternate === null || alternate.lanes === NoLanes)
  ) {
    // 省略 eagerState 优化策略
  }
  const eventTime = requestEventTime();
  // 开始调度
  const root = scheduleUpdateOnFiber(fiber, lane, eventTime);
  // 省略代码
}
```

我们已经熟悉上述代码中的大部分方法，这里主要关注两点：

（1）从 isRenderPhaseUpdate(fiber) 所在条件语句看，"render 阶段触发的更新"与"其他情况触发的更新"的主要区别在于其不会执行 scheduleUpdateOnFiber 方法开启新的调度。

（2）dispatchSetState 方法内部有一个性能优化策略 eagerState，将在下一节介绍。

接下来进入 schedule 阶段，调度完成后进入 render 阶段。在 FC 的 beginWork 中计算 state，过程参考 6.2.6 节。接下来的流程参考 render 阶段的 update 流程，以及后续的 commit 阶段。

6.5 性能优化

React 作为一款"重运行时"框架，拥有多个与"性能优化"相关的 API，比如：

- shouldComponentUpdate
- PureComponent
- React.memo
- useMemo、useCallback

通过第 1 章的学习我们了解到，这些 API 的出现是由于"React 无法像 Vue 一样在编译时做出优化，因此这部分工作放在运行时交由开发者完成"。事实上，React 内部有完整的运行时性能优化策略。开发者调用性能优化 API 的本质，就是命中上述策略。从开发者的角度出发，React 性能优化有两个方向：

（1）编写"符合性能优化策略的组件"，命中策略；

（2）调用性能优化 API，命中策略。

本节首先介绍"性能优化策略的实现"，然后针对"如何编写更高性能的组件"给出建议。

考虑示例 6-2 的代码，多次点击 DIV 触发更新后，console.log 会打印几次：

示例 6-2：
```
function App() {
  const [num, updateNum] = useState(0);
  console.log("App render", num);

  return (
    <div onClick={() => updateNum(1)}>
```

```
    <Child />
   </div>
 );
}

function Child() {
 console.log("child render");
 return <span>child</span>;
}
```

首屏渲染时，打印：

```
App render 0
child render
```

第一次点击 DIV 时，打印：

```
App render 1
child render
```

第二次点击 DIV 时，打印：

```
App render 1
```

后续点击 DIV 时不会打印。

注意观察"第二次点击"，并未打印"child render"，这是一种"发生于 render 阶段"的优化策略，被称为 bailout。**命中该策略的组件的子组件会跳过 reconcile 流程**（即子组件不会进入 render 阶段）。

再观察"后续点击不会打印"，这是因为 App、Child 并未进入 render 阶段，这是一种"发生于触发状态更新时"的优化策略，被称为 eagerState。命中该策略的更新不会进入 schedule 阶段，也不会进入 render 阶段。

6.5.1 eagerState 策略

eagerState 策略的逻辑很简单：如果某个状态更新前后没有变化，则可以跳过后续更新流程。在示例 6-2 中，"后续点击"不会打印，是因为即使 updateNum(1)反复执行，

num 更新前后都是 1，没有变化，所以后续流程被跳过。

通过本章的学习我们知道，state 是"基于 update 计算而来"，计算过程发生在 render 阶段的 beginWork 中。eagerState（急迫的 state）表示：在当前 fiberNode 不存在"待执行的更新"的情况下，可以将这一计算过程提前到 schedule 阶段之前执行。策略的前提条件之所以是"当前 fiberNode 不存在'待执行的更新'"，是因为这种情况下触发更新，产生的 update 是"当前 fiberNode 中第一个待执行的更新"，计算 state 时不会受到其他 update 的影响。

对于 useState 触发的更新，以上逻辑发生于 dispatchSetState 方法，具体代码如下：

```
// 判断 current、wip 的 lanes 是否为 NoLanes
if (
  fiber.lanes === NoLanes &&
  (alternate === null || alternate.lanes === NoLanes)
) {
  // 上次计算时使用的 reducer
  const lastRenderedReducer = queue.lastRenderedReducer;
  if (lastRenderedReducer !== null) {
    let prevDispatcher;
    try {
      // 即 memoizedState
      const currentState = queue.lastRenderedState;
      // 基于 action 提前计算 state
      const eagerState = lastRenderedReducer(currentState, action);
      // 标记该 update 存在 eagerState
      update.hasEagerState = true;
      update.eagerState = eagerState;
      if (is(eagerState, currentState)) {
        // state 不变时，返回
        return;
      }
    } catch (error) {}
  }
}
```

判断 current、wip 的 lanes 是否为 NoLanes，即判断"当前 fiberNode 是否存在'待执行的更新'"。若不存在，则尝试基于"本次更新对应 action"计算 eagerState。对于 useState 来说，lastRenderedReducer 为如下函数：

```
function basicStateReducer(state, action) {
  return typeof action === 'function' ? action(state) : action;
}
```

对于 useReducer 来说，lastRenderedReducer 为"开发者编写的 reducer"。

如果 Object.is(eagerState, memoizedState)为 ture，代表"state 没有变化"，命中 eagerState 策略，不会进入 schedule 阶段。即使不为 true，由于这是"当前 fiberNode 中第一个待执行更新"，在它之前不会有其他 update 影响它的计算结果，因此可以将 eagerState 保存下来。在 beginWork 中计算 state 时，对于该 update，可以直接使用"保存的 eagerState"，不需要再基于 update.action 计算。这就是 FC 所使用的 Update 数据结构中如下字段的意义：

```
const update = {
  // 是否是 eagerState
  hasEagerState: false,
  // eagerState 的计算结果
  eagerState: null,
  // 省略其他字段
};
```

但是观察"第二次点击"，即使更新前后 num 都为 1，还是执行了后续更新流程（打印"App render 1"）。为什么这种情况下没有命中 eagerState 策略呢？要了解原因，首先我们来看一个"看似无关"的示例，如下代码执行后，视图中显示的 num 是否会变为 100？

```
function App() {
  const [num, updateNum] = useState(0);
  window.updateNum = updateNum;

  return <div>{num}</div>;
}
```

```
// 执行后，UI 会变化么？
window.updateNum(100);
```

答案是肯定的。因为 App 对应 fiberNode 已经被作为"预设的参数"传递给 window.updateNum：

```
// updateNum 的实现
const dispatch = queue.dispatch = dispatchSetState.bind(
  null,
  // App 对应 fiberNode
  currentlyRenderingFiber,
  // updateQueue
  queue,
);
```

我们知道，fiberNode 分为 current、wip 两种，这里预设的是 wip。根据 5.4.6 节介绍的内容，root.pendingLanes 工作流程包含如下步骤：

（1）更新 fiberNode.lanes，具体来说是同时更新 wip 与 current；

（2）重置 fiberNode.lanes，具体来说是重置 wip.lanes。

可见，对于一次更新，当 beginWork 开始前，curent.lanes、wip.lanes 都不是 NoLanes（因为上述步骤 1 会更新 lanes）。当 beginWork 执行后，wip.lanes 被重置为 NoLanes。进入 commit 阶段后，wip 与 current 互换。而根据 eagerState 的判断逻辑，wip 与 current 需要同时满足条件，这就是"第二次点击没有命中 eagerState 策略"的原因：

```
if (
  fiber.lanes === NoLanes &&
  (alternate === null || alternate.lanes === NoLanes)
) {
  // 省略具体逻辑
}
```

虽然第二次点击没有命中 eagerState 策略，但是第二次点击没有打印 "child render"，代表命中了 bailout 策略。对于命中该策略的 FC，会执行 bailoutHooks 方法：

```
function bailoutHooks(
  current,
  workInProgress,
```

```
    lanes,
) {
    workInProgress.updateQueue = current.updateQueue;
    workInProgress.flags &= ~(PassiveEffect | UpdateEffect);
    // 从 current.lanes 中移除
    current.lanes = removeLanes(current.lanes, lanes);
}
```

其中最后一行代码会从 current.lanes 中移除 renderLanes。所以对于"第二次点击"，当一轮更新流程完结后，wip.lanes 与 current.lanes 均为 NoLanes。在这种情况下，后续点击会命中 eagerState 策略，不会进入 schedule 阶段，fiberNode.lanes 不会更新。

6.5.2　bailout 策略

3.2 节曾提到，beginWork 的目的是"生成 wip fiberNode 的子 fiberNode"，实现这个目的存在两条路径：

（1）通过 reconcile 流程生成子 fiberNode；

（2）通过 bailout 策略复用子 fiberNode。

"命中 bailout 策略"表示"子 fiberNode 没有变化，可以复用"。根据第 1 章的内容，"变化"是由"自变量改变"造成的，React 中的自变量包括：

（1）state

（2）props

（3）context

所以，"是否命中 bailout 策略"主要围绕以上三个变量展开。bailout 策略工作流程如图 6-12 所示。

由图 6-12 可知，进入 beginWork 后，有两次与"是否命中 bailout 策略"相关的判断，第一次发生在刚进入 beginWork 时。具体到代码层面——同时满足以下条件后命中 bailout 策略：

（1）oldProps === newProps

注意，**props** 比较是全等比较。组件 render 后会返回 JSX，JSX 是 createElement 方

法的语法糖。所以"render 的返回结果"实际上是 createElement 方法的执行结果，即"一个包含 props 属性的对象"。即使本次更新与上次更新过程中，props 的每一项属性都没有变化，但是本次更新是 createElement 方法的执行结果，是一个全新的 props 引用，所以 oldProps 与 newProps 并不全等。只有当父 fiberNode 命中 bailout 策略，复用子 fiberNode，在子 fiberNode 的 beginWork 中，oldProps 才会与 newProps 全等。

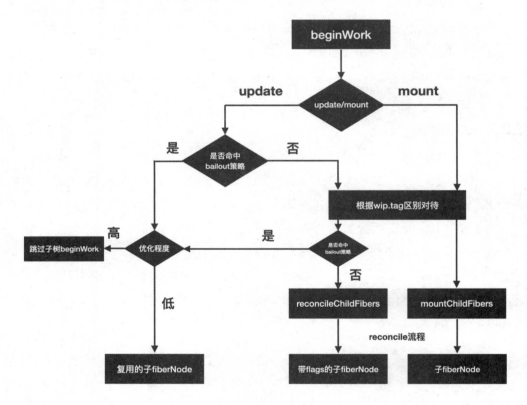

图 6-12　bailout 策略

（2）Legacy Context（旧的 Context API）没有变化。

（3）fiberNode.type 没有变化（比如没有从 DIV 变为 UL）。

这里需要注意一个细节——在下述代码中，由于 App 每次 render 后都会创建新的 Child 引用，因此对于 Child 来说，fiberNode.type 始终是变化的，无法命中 bailout 策略。

```
function App() {
```

```
// 尽量不要在组件内定义组件，以免无法命中优化策略
const Child = () => <div>I am child.</div>;
return <Child/>;
}
```

（4）当前 fiberNode 没有更新发生。

没有更新发生意味着没有 state 变化（有更新发生也并不意味着 state 一定会变化），前文已经多次提及判断"是否存在更新"的条件：

```
function checkScheduledUpdateOrContext(
  current,
  renderLanes
) {
  const updateLanes = current.lanes;
  if (includesSomeLane(updateLanes, renderLanes)) {
    // 存在更新
    return true;
  }
  // 不存在更新
  return false;
}
```

当以上条件都满足时命中 bailout 策略，会执行 bailoutOnAlreadyFinishedWork 方法，该方法会进一步判断"优化可以进行到何种程度"：

```
function bailoutOnAlreadyFinishedWork(
  current,
  workInProgress,
  renderLanes
) {
  // 省略代码

  if (!includesSomeLane(renderLanes, workInProgress.childLanes)) {
    // 整棵子树都命中 bailout 策略
    return null;
  }
  // 只有子 fiberNode 命中 bailout 策略
```

```
  cloneChildFibers(current, workInProgress);
  return workInProgress.child;
}
```

通过 wip.childLanes 可以快速排查"当前 fiberNode 的整棵子树中是否存在更新"，如果不存在，则可以跳过整棵子树的 beginWork。这也是"React 每次更新都会生成整棵 Fiber Tree，但性能并不差"的重要原因——命中优化的整棵子树都会跳过 reconcile 流程。如果不能跳过整棵子树，则基于 current child 克隆出 wip child，相比没有命中 bailout 策略的 fiberNode，省略了子 fiberNode 的 reconcile 流程。

如果第一次没有命中 bailout 策略，则会根据 tag 不同进入不同 fiberNode 的处理逻辑，此时还有两种命中的可能。

（1）开发者使用了性能优化 API。

在第一次判断"是否命中 bailout 策略"时，默认对 props 进行全等比较，要满足该条件比较困难，性能优化 API 的工作原理主要是改写这个判断条件。比如 React.memo，通过该 API 创建的 FC 对应的 fiberNode.tag 为 MemoComponent，在 beginWork 中对应的处理逻辑为 updateMemoComponent 方法，该方法的部分逻辑如下：

```
// 是否存在更新
const hasScheduledUpdateOrContext = checkScheduledUpdateOrContext(
  current,
  renderLanes,
);
if (!hasScheduledUpdateOrContext) {
  const prevProps = currentChild.memoizedProps;

  // 比较函数，默认为浅比较
  let compare = Component.compare;
  compare = compare !== null ? compare : shallowEqual;

  if (compare(prevProps, nextProps) && current.ref === workInProgress.ref) {
    // 如果 props 经比较未变化，且 ref 不变，则命中 bailout 策略
    return bailoutOnAlreadyFinishedWork(current, workInProgress, renderLanes);
  }
}
```

如果当前 fiberNode 同时满足以下条件，则命中 bailout 策略：
- 不存在更新；
- 经过比较（默认为浅比较）后 props 未变化；
- ref 不变。

相比于 FC 默认情况下需要对 props 进行全等比较，MemoComponent 只需要对 props 进行浅比较，因此会更容易命中 bailout 策略。

另一个例子是 PureComponent 与 shouldComponentUpdate。这两个 API 都与 ClassComponent 性能优化相关。ClassComponent 的 beginWork 中与 bailout 策略相关代码如下：

```
if (!shouldUpdate && !didCaptureError) {
  // 省略代码
  return bailoutOnAlreadyFinishedWork(current, workInProgress, renderLanes);
}
```

其中，shouldUpdate 变量受 checkShouldComponentUpdate 方法影响：

```
function checkShouldComponentUpdate(
  workInProgress,
  ctor,
  oldProps,
  newProps,
  oldState,
  newState,
  nextContext,
) {
  // ClassComponent 实例
  const instance = workInProgress.stateNode;
  if (typeof instance.shouldComponentUpdate === 'function') {
    let shouldUpdate = instance.shouldComponentUpdate(
      newProps,
      newState,
      nextContext,
    );
    // shouldComponentUpdate 执行后的返回值作为 shouldUpdate
```

```
    return shouldUpdate;
}

if (ctor.prototype && ctor.prototype.isPureReactComponent) {
  // 对于 PureComponent，进行浅比较
  return (
    !shallowEqual(oldProps, newProps) || !shallowEqual(oldState, newState)
  );
}
return true;
}
```

从本质上来说，shouldComponentUpdate 通过返回值影响 shouldUpdate 变量，PureComponent 通过浅比较影响 shouldUpdate 变量，最终会影响"是否命中 bailout 策略"。

（2）虽然有更新，但 state 没有变化。

在首次判断 bailout 策略时，还有一个条件是"当前 fiberNode 没有更新发生"。

state 由"一到多个 update"计算而来。没有更新发生意味着"state 一定不会变化"。而存在更新时，"state 是否变化"需要经过 update 计算后才能确定。FC 在 beginWork 中的相关逻辑如下，在 renderWithHooks 方法内会执行"组件 render"的逻辑，如果组件存在 state，就会计算 state 的最新值：

```
function updateFunctionComponent(
  current,
  workInProgress,
  Component,
  nextProps,
  renderLanes,
) {
  // 省略代码

  // 组件 render
  nextChildren = renderWithHooks(
    current,
    workInProgress,
```

```
    Component,
    nextProps,
    context,
    renderLanes,
  );

  if (current !== null && !didReceiveUpdate) {
    // 命中 bailout 策略
    bailoutHooks(current, workInProgress, renderLanes);
    return bailoutOnAlreadyFinishedWork(current, workInProgress, renderLanes);
  }
  // reconcile 流程
  reconcileChildren(current, workInProgress, nextChildren, renderLanes);
  return workInProgress.child;
}
```

计算 state 时会执行 updateReducer 方法（即"执行 useState、useReducer 后会执行的内部方法"），其中相关逻辑如下：

```
if (!objectIs(newState, hook.memoizedState)) {
  // 当 state 变化，标记"当前 fiberNode 存在更新"
  markWorkInProgressReceivedUpdate();
}
```

markWorkInProgressReceivedUpdate 方法如下：

```
function markWorkInProgressReceivedUpdate() {
  didReceiveUpdate = true;
}
```

didReceiveUpdate 变量将决定"命中 bailout 策略，还是走 reconcile 流程"。所以，当 state 变化时，didReceiveUpdate 为 true，会进入 reconcile 流程。

6.5.3 bailout 策略的示例

回顾示例 6-2，第一次点击 DIV 时，打印：

```
App render 1
child render
```

第二次点击 DIV 时，打印：

```
App render 1
```

第二次点击后没有打印"child render"意味着命中 bailout 策略，接下来分析这一过程。

bailout 策略发生在 beginWork 中，第一个进入 beginWork 的 wip 是 HostRootFiber，它同时满足以下条件：

（1）oldProps === newProps；

（2）Legacy Context（旧的 Context API）没有变化；

（3）fiberNode.type 没有变化；

（4）当前 fiberNode 没有更新发生。

HostRootFiber 命中 bailout 策略后，其子 fiberNode（即 App 对应 fiberNode）将被复用。HostRootFiber 不同于其他 fiberNode，其他 fiberNode 在一般情况下不会满足条件（1），但是如果 HostRootFiber "挂载的组件"没有改变，则条件（1）始终满足。

当进入 App 的 beginWork 后，由于 App 是"复用的 fiberNode"，因此它满足 oldProps === newProps，同时也满足：

（1）Legacy Context（旧的 Context API）没有变化；

（2）fiberNode.type 没有变化。

但 App 中触发了更新，所以不满足"当前 fiberNode 没有更新发生"。接下来进入 updateFunctionComponent 方法，在 renderWithHooks 方法内执行"组件 render"的逻辑，所以会打印：

```
App render 1
```

App render 时，如下代码内部会执行 updateReducer 方法计算 num 的最新值：

```
const [num, updateNum] = useState(0);
```

此时 pendingQueue 的数据结构如下：

```
{
  action: 1,
```

```
  eagerState: null,
  hasEagerState: false,
  lane: 1,
  // 与自己形成环状链表
  next
}
```

显然 num 经过计算后的最新值仍为 1，没有变化，所以进入如下逻辑：

```
if (current !== null && !didReceiveUpdate) {
  // 命中 bailout 策略
  bailoutHooks(current, workInProgress, renderLanes);
  return bailoutOnAlreadyFinishedWork(current, workInProgress, renderLanes);
}
```

命中 bailout 策略后，会进一步判断"优化可以进行到何种程度"。Child 组件不存在更新：

```
function Child() {
  console.log("child render");
  return <span>child</span>;
}
```

因此 App 组件的整棵子树（即 Child 组件）可以完全跳过 beginWork，不会打印"child render"：

```
if (!includesSomeLane(renderLanes, workInProgress.childLanes)) {
  // 整棵子树都命中 bailout 策略
  return null;
}
```

6.5.4　bailout 与 Context API

Context API 经历过一次重构，重构的原因与 bailout 策略相关。本节将简单介绍新旧 Context API 的实现原理，以及它们与 bailout 策略的关系。

下面来看被废弃的旧 Context API 的原理。context 数据会保存在栈中，在 beginWork

中，context 不断入栈，所以 context Consumer 可以通过 context 栈向上找到对应的 context value。在 completeWork 中，context 不断出栈。这种模式可以用来应对 reconcile 流程，以及一般的 bailout 策略。但是，对于"跳过整棵子树的 beginWork"这种程度的 bailout 策略，"被跳过的子树"不会再经历 context 入栈、出栈的过程。换言之，使用旧 Context API 时，即使 context value 变化，只要子树命中 bailout 策略被跳过（比如 shouldComponentUpdate 方法返回 false），子树中的 Consumer 就不会响应到更新。

了解旧 Context API 的缺陷后，我们再来看新 Context API 的实现原理，参考示例 6-3。

示例 6-3：

```
// context
const Ctx = React.createContext(0);

const NumProvider = ({children}) => {
  const [num, add] = useState(0);

  return (
    <Ctx.Provider value={num}>
      <button onClick={() => add(num + 1)}>add</button>
      {children}
    </Ctx.Provider>
  )
}

const App = () => {
  return (
    <NumProvider>
      <Middle/>
    </NumProvider>
  )
}

class Middle extends React.Component {
```

```
  shouldComponentUpdate() {
    return false;
  }
  render() {
    return <Child/>;
  }
}

function Child() {
  const num = useContext(Ctx);
  return <p>{num}</p>;
}
```

其中 App 是挂载的组件，NumProvider 是 context Provider，Child 是 context Consumer。在 App 与 Child 之间的 Middle 中，shouldComponentUpdate 方法返回 false，这代表 Middle 会命中 bailout 策略。当点击 BUTTON 后，Child 中的 num 增加，代表 bailout 策略并未阻止新的 Context API 发挥作用（对于旧 Context API，num 不会发生变化）。接下来介绍其中的原理。

当 beginWork 进行到 Ctx.Provider 时，对应的处理逻辑会判断 context value 是否变化：

```
if (objectIs(oldValue, newValue)) {
  // context value 未变化
  if (oldProps.children === newProps.children && !hasContextChanged()) {
    // 命中 bailout 策略
    return bailoutOnAlreadyFinishedWork(current, workInProgress, renderLanes);
  }
} else {
  // context value 变化，向下寻找 Consumer，标记更新
  propagateContextChange(workInProgress, context, renderLanes);
}
```

当 context value 发生变化时，beginWork 会从 Ctx.Provider 立刻向下开启一次深度优先遍历，目的是寻找 Context Consumer（即示例 6-3 中的 Child 组件）。context Consumer 找到后，为其对应 fiberNode.lanes 附加 renderLanes，对应逻辑如下：

```
// Context Consumer lanes 附加上 renderLanes
fiber.lanes = mergeLanes(fiber.lanes, renderLanes);
const alternate = fiber.alternate;

if (alternate !== null) {
  alternate.lanes = mergeLanes(alternate.lanes, renderLanes);
}
// 从 Context Consumer 向上遍历
scheduleWorkOnParentPath(fiber.return, renderLanes);
```

scheduleWorkOnParentPath 方法的作用是：从 context Consumer 向上遍历，依次为祖先 fiberNode.childLanes 附加 renderLanes。

值得注意的是，以上"向下遍历寻找 context Consumer，再从 context Consumer 向上遍历修改 childLanes"的过程，都发生在 Ctx.Provider 的 beginWork 逻辑中。当以上流程完成后，虽然 Ctx.Provider 命中 bailout 策略，但由于流程中的 childLanes 都已被修改，其并不会命中"跳过整棵子树的 beginWork 逻辑"：

```
function bailoutOnAlreadyFinishedWork(
  current,
  workInProgress,
  renderLanes
) {
  // 省略代码

  // 不会命中该逻辑
  if (!includesSomeLane(renderLanes, workInProgress.childLanes)) {
    // 整棵子树都命中 bailout 策略
    return null;
  }
  // 省略代码
}
```

这意味着"如果子树深处存在 context Consumer，即使子树的根 fiberNode 命中 bailout 策略，也不会完全跳过子树的 beginWork 流程"。这就是新 Context API 的实现原理，也是它与旧 Context API 的区别。

6.5.5　对日常开发的启示

通过本节的学习我们了解到，要想开发出性能良好的 React 应用，一个关键因素是"命中性能优化策略"，优化策略包括：

（1）eagerState 策略

（2）bailout 策略

其中 eagerState 策略需要满足的条件比较苛刻，开发时不必强求。开发者应该追求写出"满足 bailout 策略的组件"。当我们聊到性能优化，常见的想法是"使用性能优化 API"。但是当我们深入学习 bailout 策略的原理后会知道，**即使不使用性能优化 API，只要满足一定条件，也能命中 bailout 策略**，这就是对日常开发的启示。示例 6-4 如下：

示例 6-4：
```
function App() {
  const [num, updateNum] = useState(0);
  return (
    <>
      <input value={num} onChange={e => updateNum(e.target.value)} />
      <p>num is {num}</p>
      <ExpensiveCpn />
    </>
  );
}

function ExpensiveCpn () {
  const now = performance.now();
  while (performance.now() - now < 100) {}
  return <p>耗时的组件</p>;
}
```

其中 App 为挂载的组件，由于 ExpensiveCpn render 时会执行耗时的操作，因此在 INPUT 中输入内容时，会发生明显的卡顿。我们来逐步优化这个应用。

首先来分析 ExpensiveCpn 没有命中 bailout 策略的原因。"ExpensiveCpn 对应 JSX"来源于 App beginWork 的结果。App 中会触发 state 更新（num 变化），所以 App 不会命中 bailout 策略。这意味着"ExpensiveCpn 对应 JSX"来源于 App render 的返回值（而不是经由 bailout 策略复用的结果）。在 ExpensiveCpn beginWork 中"判断是否命中 bailout 策略"时 oldProps !== newProps，未命中 bailout 策略，所以会执行"耗时的 render"，进而造成卡顿。

为了使 ExpensiveCpn 命中 bailout 策略，需要从 App 着手，将"num 及'与 num 相关的视图部分'"从 App 中分离，形成独立的组件：

```
function Input() {
  const [num, updateNum] = useState(0);
  return (
    <>
      <input value={num} onChange={(e) => updateNum(e.target.value)} />
      <p>num is {num}</p>
    </>
  )
}
```

App 中引入 Input：

```
function App() {
  return (
    <>
      <Input />
      <ExpensiveCpn />
    </>
  );
}
```

对修改后的组件触发更新，首先，HostRootFiber 命中 bailout 策略。接下来，App 经过修改不再存在 state，且其是经由"HostRootFiber 命中 bailout 策略"复用而来（满足 oldProps === newProps），fiberNode.type 与 Legacy Context 也没有变化，所以命中 bailout 策略。最后，ExpensiveCpn 也同时满足：

(1) oldProps === newProps（因为 App 命中 bailout 策略）；

(2) Legacy Context（旧的 Context API）没有变化；

(3) fiberNode.type 没有变化；

(4) 没有更新发生。

命中 bailout 策略，不会执行"耗时的 render"。

现在我们考虑另一种情况，在如下组件中，DIV 的 title 属性依赖 num，无法像上例一样分离：

```
function App() {
  const [num, updateNum] = useState(0);
  return (
    <div title={num}>
      <input value={num} onChange={e => updateNum(e.target.value)} />
      <p>你好呀</p>
      <ExpensiveCpn />
    </div>
  );
}
```

此时可以通过 children 达到分离的目的：

```
function Counter({ children }) {
  const [num, updateNum] = useState(0);

  return (
    <div title={num}>
      <input value={num} onChange={(e) => updateNum(e.target.value)} />
      {children}
    </div>
  );
}
```

在 App 中引入 Counter：

```
function App() {
  return (
    <Counter>
```

```
    <p>你好呀</p>
    <ExpensiveCpn />
  </Counter>
);
}
```

不管采用哪种方式,本质都是**将可变部分与不变部分分离,使不变部分能够命中 bailout 策略**。即使不使用性能优化 API,合理的组件结构也能为性能助力。

综上所述,编写"符合性能优化条件的组件"需要以"将可变部分与不变部分分离"为原则,使"不变部分"命中 bailout 策略。其中"可变部分"包括三类自变量:

- state
- props
- context

在默认情况下,fiberNode 要命中 bailout 策略还需要满足 oldProps === newProps。这意味着默认情况下,如果父 fiberNode 没有命中策略,子 fiberNode 就不会命中策略,孙 fiberNode 及子树中的其他 fiberNode 都不会命中策略。所以当我们编写好"符合性能优化条件的组件"后,还需要注意组件对应子树的根节点。如果根节点是应用的根节点(即 HostRootFiber),在默认情况下它满足 oldProps === newProps,挂载其下的"符合性能优化条件的组件"能够命中 bailout 策略。如果根节点是其他组件,则此时需要使用性能优化 API,将其"命中 bailout 策略的其中一个条件"从"满足 oldProps === newProps"变为"浅比较 oldProps 与 newProps"。只有当根节点命中 bailout 策略,挂载在它之下的"符合性能优化条件的组件"才能命中 bailout 策略。

如果将性能优化比作"治病",那么"编写符合性能优化条件的组件"相当于药方,"使用性能优化 API 的组件"相当于药引子。单纯使用药方可能起不到预期疗效(不满足 oldProps === newProps),单纯使用药引子(仅使用性能优化 API)也会事倍功半。只有足量的药方(满足性能优化条件的组件子树)加恰到好处的药引子(在子树根节点这样的关键位置使用性能优化 API)才能药到病除。

6.6　总结

本章我们学习了状态更新流程的细节。状态更新流程通常始于"事件交互"。在 React 中，事件会在事件系统中传播，不同事件中触发的更新拥有不同优先级。"更新"对应数据结构 Update，它将参与计算 state。

在触发更新时存在一种性能优化策略——eagerState。进入 render 阶段后存在一种性能优化策略——bailout。bailout 策略有两种优化程度：

（1）复用子 fiberNode；

（2）跳过子树的 beginWork。

如果没有命中 bailout 策略，在 render 阶段的 beginWork 中，会进入 reconcile 流程，我们会在下一章介绍。

第 7 章

reconcile 流程

在 beginWork 中，没有命中 bailout 策略的 fiberNode 会根据所处阶段不同（mount 或者 update）进入 mountChildFibers 或 reconcileChildFibers，它们的区别在于"是否追踪副作用（即是否标记 flags）"。我们将这一流程统称为 reconcile 流程。对于一个 DOM 元素，在某一时刻最多会有三个节点与它相关：

（1）current fiberNode，与视图中的 DOM 元素对应。

（2）wip fiberNode，与更新流程进行中的 DOM 元素对应。

（3）JSX 对象，包含描述 DOM 元素所需的数据。

reconcile 流程的本质，是对比 **current fiberNode** 与 **JSX** 对象，生成 **wip fiberNode**。除 React 外，其他使用虚拟 DOM 技术的前端框架都有类似流程（比如 Vue 中的 patch 操作），这一流程的核心算法被称为 Diff 算法。

Diff 算法本身也会带来性能损耗。React 文档中提到，即使在最前沿的算法中，将前后两棵树完全比对的算法的复杂度为 $O(n^3)$，其中 n 是树中元素的数量。如果在 React 中使用该算法，那么展示 1000 个元素需要执行的计算量将属于十亿的量级范围，这个开销实在是过于高昂。为了降低算法复杂度，React 的 Diff 算法会预设三个限制。

限制一：只对同级元素进行 Diff。如果一个 DOM 元素在前后两次更新中跨越了层级，那么 React 不会尝试复用它。

限制二：两个不同类型的元素会产生不同的树。如果元素由 DIV 变为 P，React 会销毁 DIV 及其子孙元素，并新建 P 及其子孙元素。

限制三：开发者可以通过 key 来暗示哪些子元素在不同的渲染下能够保持稳定，JSX 代码如下：

```
// 更新前
<div>
  <p key="ka">ka</p>
  <h3 key="song">song</h3>
</div>

// 更新后
<div>
  <h3 key="song">song</h3>
  <p key="ka">ka</p>
</div>
```

如果没有 key，React 会认为 DIV 的第一个子元素由 P 变为 H3，第二个子元素由 H3 变为 P，这符合限制二的设定。当用 key 指明元素更新前后的对应关系时，key ==="ka" 的 P 在更新后仍然存在，所以 DOM 元素可以复用，只是需要交换顺序。

reconcileChildFibers 方法执行流程如下：

```
function reconcileChildFibers(
  returnFiber,
  currentFirstChild,
  newChild,
  lanes
) {
  // 省略代码

  // newChild 为 object 类型
  if (typeof newChild === 'object' && newChild !== null) {
    switch (newChild.$$typeof) {
      case REACT_ELEMENT_TYPE:
        return /* 省略处理逻辑 */;
```

```
    case REACT_PORTAL_TYPE:
      return /* 省略处理逻辑 */;
    case REACT_LAZY_TYPE:
      return /* 省略处理逻辑 */;
  }

  // 数组类型
  if (isArray(newChild)) {
    return /* 省略处理逻辑 */;
  }
  // iterator 函数类型
  if (getIteratorFn(newChild)) {
    return /* 省略处理逻辑 */;
  }
  // 非法 object 类型
  throwOnInvalidObjectType(returnFiber, newChild);
}
// string 或 number 类型
if (typeof newChild === 'string' || typeof newChild === 'number') {
  return /* 省略处理逻辑 */;
}

// 剩下的情况标记删除
return deleteRemainingChildren(returnFiber, currentFirstChild);
}
```

根据 Diff 算法的第一条限制规则"只对同级元素进行 Diff"，可以将 Diff 流程分为两类：

（1）当 newChild 类型为 object、number、string 时，代表更新后同级只有一个元素，此时会根据 newChild 创建 wip fiberNode，并返回 wip fiberNode。

（2）当 newChild 类型为 Array、iterator，代表更新后同级有多个元素，此时会遍历 newChild 创建 wip fiberNode 及其兄弟 fiberNode，并返回 wip fiberNode。

接下来我们分别就这两种情况进行讨论。

7.1 单节点 Diff

以最常见的 JSX 类型 REACT_ELEMENT_TYPE 为例，在 reconcileChildFibers 方法中会执行 reconcileSingleElement 方法：

```
if (typeof newChild === 'object' && newChild !== null) {
  switch (newChild.$$typeof) {
    case REACT_ELEMENT_TYPE:
      return placeSingleChild(reconcileSingleElement(returnFiber,
currentFirstChild, newChild, lanes));
    // 省略代码
}
```

reconcileSingleElement 方法的执行流程如图 7-1 所示。

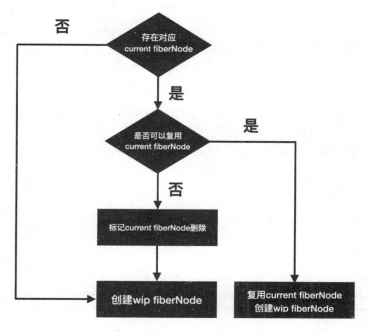

图 7-1　reconcileSingleElement 执行流程

对应代码如下：

```
function reconcileSingleElement(
```

```
    returnFiber,
    currentFirstChild,
    element,
    lanes
) {
    const key = element.key;
    let child = currentFirstChild;

    // 遍历 current fiberNode 及其兄弟 fiberNode（如果存在）
    while (child !== null) {
      // 首先比较 key 是否相同
      if (child.key === key) {
        const elementType = element.type;
        if (elementType === REACT_FRAGMENT_TYPE) {
          // 省略代码
        } else {
          // 比较 type 是否相同
          if (child.elementType === elementType) {
            // 标记删除 "current fiberNode 的兄弟节点"
            deleteRemainingChildren(returnFiber, child.sibling);
            // 复用 current fiberNode 创建 wip fiberNode
            const existing = useFiber(child, element.props);
            existing.ref = coerceRef(returnFiber, child, element);
            existing.return = returnFiber;
            return existing;
          }
        }
        // 剩余的 current 都不能复用，标记删除
        deleteRemainingChildren(returnFiber, child);
        break;
      } else {
        // key 不相同，当前 current fiberNode 不能复用，标记删除
        deleteChild(returnFiber, child);
      }
      // 继续遍历 current fiberNode 的兄弟节点
```

```
    child = child.sibling;
}

if (element.type === REACT_FRAGMENT_TYPE) {
  // 省略代码
} else {
  // 创建 wip fiberNode
  const created = createFiberFromElement(element, returnFiber.mode, lanes);
  created.ref = coerceRef(returnFiber, currentFirstChild, element);
  created.return = returnFiber;
  return created;
}
}
```

再次强调，reconcile 流程对比 current fiberNode 与 JSX 对象，生成 wip fiberNode。执行 reconcileSingleElement 方法代表"更新后同级只有一个 JSX 对象"。而 current fiberNode 可能存在兄弟 fiberNode，所以需要遍历 current fiberNode 及其兄弟节点寻找"可以复用的 fiberNode"。判断"是否复用"遵循如下顺序：

（1）判断 key 是否相同。

如果更新前后均未设置 key，则 key 均为 null，也属于相同的情况。

（2）如果 key 相同，再判断 type 是否相同。

当以上条件均满足，则 current fiberNode 可以复用。

这里有一个细节需要关注，在上述代码中：

- 当"child !== null 且 key 相同且 type 不同时"，执行 deleteRemainingChildren 将 child 及其兄弟 fiberNode 均标记删除。
- 当"child !== null 且 key 不同时"，仅将 child 标记删除。

考虑如下情况，当前视图中有 3 个 LI，需要全部删除，再插入一个 P：

```
// 更新前
<ul>
  <li>1</li>
  <li>2</li>
  <li>3</li>
```

```
</ul>

// 更新后
<ul>
  <p>1</p>
</ul>
```

由于本次更新只有一个 P，属于单节点 Diff，因此会进入上面介绍的代码逻辑。在 reconcileSingleElement 中遍历 3 个 LI 对应的 fiberNode，寻找"本次更新的 P 是否可以复用 3 个 fiberNode 中的某一个"。当 key 相同且 type 不同时，代表"已经找到本次更新的 P 对应的 fiberNode（key 相同）"，但由于 type 不同，不能复用。既然唯一的可能性已经不能复用，则其余兄弟 fiberNode 都没有机会，所以都需要标记删除。而 key 不同只代表"当前遍历到的 fiberNode 不能被 P 复用"，后面可能还有兄弟 fiberNode 没有遍历到，所以仅标记当前 fiberNode 删除。

接下来通过几道习题巩固关于单节点 Diff 的知识，请判断如下 JSX 对象对应的 fiberNode 是否可以复用：

```
// 习题1 更新前
<div>ka song</div>
// 更新后
<p>ka song</p>

// 习题2 更新前
<div key="xxx">ka song</div>
// 更新后
<div key="ooo">ka song</div>

// 习题3 更新前
<div key="xxx">ka song</div>
// 更新后
<p key="ooo">ka song</p>

// 习题4 更新前
<div key="xxx">ka song</div>
```

```
// 更新后
<div key="xxx">xiao bei</div>
```

答案如下：

习题 1. 未设置 key，默认为 null，所以更新前后 key 相同。但是更新前 type 为 DIV，更新后为 P，type 改变则不能复用。

习题 2. 更新前后 key 改变，不需要再判断 type，不能复用。

习题 3. 更新前后 key 改变，不需要再判断 type，不能复用。

习题 4. 更新前后 key 与 type 都未改变，可以复用。children 变化，文本子节点需要更新。

7.2 多节点 Diff

考虑如下 FC：

```
function List () {
  return (
    <ul>
      <li key="0">0</li>
      <li key="1">1</li>
      <li key="2">2</li>
      <li key="3">3</li>
    </ul>
  )
}
```

其 render 后的返回值 JSX 对象的 children 属性不是单一节点，而是包含四个对象的数组：

```
{
  $$typeof: Symbol(react.element),
  key: null,
  props: {
    children: [
```

```
      {$$typeof: Symbol(react.element), type: "li", key: "0", /*省略*/},
      {$$typeof: Symbol(react.element), type: "li", key: "1", /*省略*/},
      {$$typeof: Symbol(react.element), type: "li", key: "2", /*省略*/},
      {$$typeof: Symbol(react.element), type: "li", key: "3", /*省略*/}
    ]
  },
  ref: null,
  type: "ul"
}
```

在这种情况下,reconcileChildFibers 的 newChild 参数类型为 Array,在 reconcileChildFibers 方法内部对应如下逻辑:

```
if (isArray(newChild)) {
  return reconcileChildrenArray(
    returnFiber,
    currentFirstChild,
    newChild,
    lanes,
  );
}
```

这种情况属于**同级多节点 Diff**。包含以下三种需要处理的情况。

(1) 节点位置没有变化。

```
// 更新前
<ul>
  <li key="0" className="before">0</li>
  <li key="1">1</li>
</ul>

// 更新后
<ul>
  <li key="0" className="after">0</li>
  <li key="1">1</li>
</ul>
```

（2）节点增删。

```
// 更新前
<ul>
  <li key="0">0</li>
  <li key="1">1</li>
  <li key="2">2</li>
</ul>

// 更新后 情况1 —— 新增节点
<ul>
  <li key="0">0</li>
  <li key="1">1</li>
  <li key="2">2</li>
  <li key="3">3</li>
</ul>

// 更新后 情况2 —— 删除节点
<ul>
  <li key="0">0</li>
  <li key="1">1</li>
</ul>
```

（3）节点移动。

```
// 更新前
<ul>
  <li key="0">0</li>
  <li key="1">1</li>
</ul>

// 更新后
<ul>
  <li key="1">1</li>
  <li key="0">0</li>
</ul>
```

同级多节点 Diff，一定属于以上三种情况中的一种或多种。比如，下例属于"节点删除（key 为 0 的 LI）与节点新增（key 为 0 的 DIV）"：

```
// 更新前
<ul>
  <li key="0">0</li>
  <li key="1">1</li>
</ul>

// 更新后
<ul>
  <div key="0">0</div>
  <li key="1">1</li>
</ul>
```

7.2.1 设计思路

考虑到只有 7.2 节中提到的三种情况，一种常见的 Diff 算法设计思路是：

（1）判断当前节点属于哪种情况。

（2）如果是增删，执行增删逻辑。

（3）如果位置没有变化，执行相应逻辑。

（4）如果是移动，执行移动逻辑。

这个方案隐含的前提是，不同操作的优先级是相同的。但在日常开发中，"节点移动"较少发生，所以 Diff 算法会优先判断其他情况。基于这个理念，Diff 算法的整体逻辑会经历两轮遍历，流程如图 7-2 所示。

（1）第一轮遍历尝试逐个复用节点。

（2）第二轮遍历处理剩下的节点。

对于最常见的情况（即"节点位置没有变化"），对应图 7-2 中的情况 4。此时仅需经历第一轮遍历，相较其他情况省略了第二轮遍历。

第 7 章 reconcile 流程

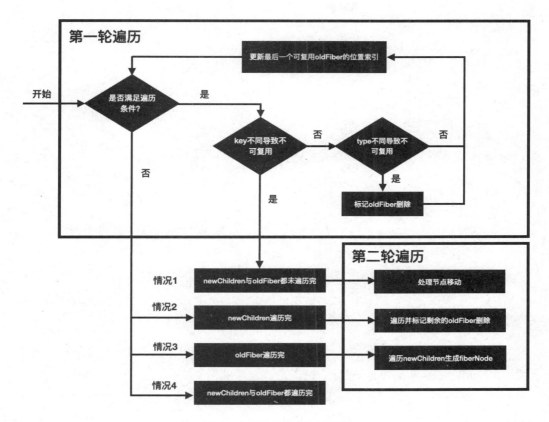

图 7-2 多节点 Diff 流程

参与比较的双方，oldFiber 代表 current fiberNode，其数据结构是链表；newChildren 代表 JSX 对象，其数据结构是数组。由于 oldFiber 是链表，所以无法借助"双指针"从数组首尾同时遍历以提高效率。同样的道理，Vue 的 Diff 算法中有一个步骤是"倒叙遍历 VNode 数组"，在 React 中也是不适用的。

7.2.2 算法实现

第一轮遍历代码如下：

```
// 参与比较的 current FiberNode
let oldFiber = currentFirstChild;
```

```
// 最后一个可复用oldFiber的位置索引
let lastPlacedIndex = 0;
// JSX对象的索引
let newIdx = 0;
// 下一个oldFiber
let nextOldFiber = null;
for (; oldFiber !== null && newIdx < newChildren.length; newIdx++) {
  // 省略实现
}
```

第一轮遍历步骤如下。

（1）遍历 newChildren，将 newChildren[newIdx] 与 oldFiber 比较，判断是否可复用。

（2）如果可复用，i++，继续步骤 1。如果不可复用，分两种情况：

a）key 不同导致不可复用，立即跳出遍历，第一轮遍历结束；

b）key 相同 type 不同导致不可复用，会将 oldFiber 标记为 DELETION，继续步骤（1）。

（3）如果 newChildren 遍历完（即 newIdx === newChildren.length）或者 oldFiber 遍历完（即 oldFiber === null），则跳出遍历，第一轮遍历结束。

对于图 7-2 中的情况 2，newChildren 遍历完，oldFiber 未遍历完，意味着有旧节点被删除，所以需要遍历其余 oldFiber，依次标记 Deletion。对应上一小节中"删除节点"的情况。

对于图 7-2 中的情况 3，oldFiber 遍历完，newChildren 未遍历完，意味着有新节点被插入，需要遍历其余 newChildren 依次生成 fiberNode。对应上一节中"新增节点"的情况。

对于图 7-2 中的情况 1，由于有节点改变了位置，因此不能再顺序遍历并比较。如何快速将同一个节点在更新前后对应上，并判断它的位置是否移动呢？这里涉及三个问题：

（1）如何将同一个节点在更新前后对应上？

（2）如何快速找到这个节点？

（3）如何判断它的位置是否移动？

首先，key 用于"将同一个节点在更新前后对应上"。其次，为了快速找到"key 对应的oldFiber",可以将所有"还未处理的oldFiber"存入"以key为key,oldFiber为value"的Map中。这一过程发生在mapRemainingChildren方法中:

```
function mapRemainingChildren(
  returnFiber,
  currentFirstChild,
) {
  // 用于存储oldFiber的Map
  const existingChildren = new Map();
  let existingChild = currentFirstChild;
  while (existingChild !== null) {
    if (existingChild.key !== null) {
      // key存在,使用key作为key
      existingChildren.set(existingChild.key, existingChild);
    } else {
      // key不存在,使用index作为key
      existingChildren.set(existingChild.index, existingChild);
    }
    existingChild = existingChild.sibling;
  }
  return existingChildren;
}
```

接下来遍历其余的newChildren时,即可以$O(1)$复杂度获取"相同的key对应的oldFiber":

```
// 获取相同的key对应的oldFiber
const matchedFiber = existingChildren.get(newChild.key === null ?
  newIdx : newChild.key,) || null;
```

当获取到"相同的key对应的oldFiber"后,如何判断它的位置是否移动?

判断的参照物是lastPlacedIndex变量(即"最后一个可复用oldFiber的位置索引")。由于newChildren中JSX对象的顺序代表"本次更新后对应fiberNode的顺序",因此在遍历newChildren生成wip fiberNode的过程中,每个新生成的wip fiberNode一定是"当前所有同级wip fiberNode中最靠右的一个"。如果该wip fiberNode存在"相同的key对应的oldFiber",则有以下两种情况。

（1）oldFiber.index < lastPlacedIndex。

表明"oldFiber 在'lastPlacedIndex 对应 fiberNode'左边"。已知 wip fiberNode 不会在"lastPlacedIndex 对应 fiberNode"左边（因为它是当前所有同级 wip fiberNode 中最靠右的一个），这表明该 fiberNode 发生了移动，需要标记 Placement。

（2）oldFiber.index >= lastPlacedIndex。

表明"oldFiber 不在'lastPlacedIndex 对应 fiberNode'左边"。与 wip fiberNode 位置一致，所以不需要移动。

判断"位置是否移动"的逻辑发生在 placeChild 方法中：

```
function placeChild(
  newFiber,
  lastPlacedIndex,
  newIndex,
): number {
  newFiber.index = newIndex;
  // 省略代码
  const current = newFiber.alternate;
  if (current !== null) {
    // 存在复用
    const oldIndex = current.index;
    if (oldIndex < lastPlacedIndex) {
      // 节点移动
      newFiber.flags |= Placement;
      return lastPlacedIndex;
    } else {
      // 节点在原索引位置未移动
      return oldIndex;
    }
  } else {
    // 新节点插入
    newFiber.flags |= Placement;
    return lastPlacedIndex;
  }
}
```

每次执行 placeChild 方法后都会用返回值更新 lastPlacedIndex：

```
lastPlacedIndex = placeChild(newFiber, lastPlacedIndex, newIdx);
```

lastPlacedIndex 对应逻辑比较复杂，这里通过两个示例来说明多节点 Diff 的流程。示例 1 如下：

```
// 更新前
<ul>
  <li key="a">a</li>
  <li key="b">b</li>
  <li key="c">c</li>
  <li key="d">d</li>
</ul>

// 更新后
<ul>
  <li key="a">a</li>
  <li key="c">c</li>
  <li key="d">d</li>
  <li key="b">b</li>
</ul>
```

第一轮遍历开始：

（1）a（后）与 a（前）比较，可以复用，oldFiber.index ═══ 0，所以 lastPlacedIndex＝0。

（2）c（后）与 b（前）比较，不能复用，跳出第一轮遍历，此时 lastPlacedIndex ═══ 0。

此时 newChildren 包含 cdb，oldFiber 包含 bcd，属于情况 1。将 oldFiber 保存在 map 中，数据结构如下：

```
{
  "b" => FiberNode,
  "c" => FiberNode,
  "d" => FiberNode
}
```

第二轮遍历开始，继续遍历剩余 newChildren。

（1）c 在 map 中找到，可以复用，oldFiber.index ═══ 2（更新前顺序为 abcd，所以

c 对应 index 为 2）。由于 oldFiber.index > lastPlacedIndex（即 2 > 0），则 c 位置不变，同时 lastPlacedIndex = 2。

（2）d 在 map 中找到，可以复用，oldFiber.index === 3。由于 oldFiber.index > lastPlacedIndex（即 3 > 2），则 d 位置不变，同时 lastPlacedIndex = 3。

（3）b 在 map 中找到，可以复用，oldFiber.index === 1。由于 oldFiber.index < lastPlacedIndex（即 1 < 3），标记 b 移动。第二轮遍历结束。

最终 b 标记 Placement。由于 b 对应 wip fiberNode 没有 sibling，在 commitPlacement 方法中不存在 before，所以执行 parentNode.appendChild 方法，对应 DOM 元素被移动至同级最后。

示例 2 如下：

```
// 更新前
<ul>
  <li key="a">a</li>
  <li key="b">b</li>
  <li key="c">c</li>
  <li key="d">d</li>
</ul>

// 更新后
<ul>
  <li key="d">d</li>
  <li key="a">a</li>
  <li key="b">b</li>
  <li key="c">c</li>
</ul>
```

第一轮遍历开始：

d（后）与 a（前）比较，不能复用，跳出第一轮遍历，此时 lastPlacedIndex === 0。

此时 newChildren 包含 dabc，oldFiber 包含 abcd，属于情况 1。将 oldFiber 保存在 map 中，数据结构如下：

```
{
```

```
"a" => FiberNode,
"b" => FiberNode,
"c" => FiberNode,
"d" => FiberNode
}
```

第二轮遍历开始，继续遍历其余 newChildren：

（1）d 在 map 中找到，可以复用，oldFiber.index === 3。由于 oldFiber.index > lastPlacedIndex（即 3 > 0），则 d 位置不变，同时 lastPlacedIndex = 3。

（2）a 在 map 中找到，可以复用，oldFiber.index === 0。由于 oldFiber.index < lastPlacedIndex（即 0 < 3），标记 a 移动。

（3）b 在 map 中找到，可以复用，oldFiber.index === 1。由于 oldFiber.index < lastPlacedIndex（即 1 < 3），标记 b 移动。

（4）c 在 map 中找到，可以复用，oldFiber.index === 2。由于 oldFiber.index < lastPlacedIndex（即 2 < 3），标记 c 移动。第二轮遍历结束。

最终 abc 三个节点标记 Placement，依次执行 parentNode.appendChild 方法。可以看到，abcd 变为 dabc，虽然只需要将 d 移动到最前面，但实际上 React 保持 d 不变，将 abc 分别移动到了 d 的后面。出于性能的考虑，开发时要尽量避免将节点从后面移动到前面的操作。

7.3　编程：实现 Diff 算法

实现 Diff 算法的核心逻辑需要多少行代码？经过前面两节的学习，可以发现：不管是单节点还是多节点 Diff，都有判断"是否复用"的操作。可以认为：单节点 Diff 是"同级只有一个节点"的多节点 Diff。而多节点 Diff 之所以会经历两轮遍历，是出于性能考虑，优先处理"常见情况"。所以，我们可以基于多节点 Diff 中第二轮遍历情况 1 使用的算法实现 Diff 算法。本节将使用该算法实现 40 行代码的 Diff 算法。

"虚拟 DOM 节点"的数据结构定义如下：

```
type Flag = 'Placement' | 'Deletion';
```

```
interface Node {
  key: string;
  flag?: Flag;
  index?: number;
}
```

其中：

（1）key 是 node 的唯一标识，用于在变化前后关联节点。

（2）flag 代表"node 经过 Diff 后标记的副作用"，其中：

（a）Placement 对于"新生成的 node"，代表"对应 DOM 元素需要插入到页面中"。对于"已有的 node"，代表"对应 DOM 元素需要在页面中移动"。

（b）Deletion 代表"node 对应 DOM 元素需要从页面中删除"。

（3）index 代表"该 node 在同级 node 中的索引位置"。

我们希望实现 diff 方法，接收更新前与更新后的 NodeList，并为它们标记 flag：

```
type NodeList = Node[];

function diff(before: NodeList, after: NodeList): NodeList {
  // ...代码实现
}
```

对于以下代码：

```
// 更新前
const before = [
  {key: 'a'}
]
// 更新后
const after = [
  {key: 'd'}
]

// diff(before, after) 输出
[
  {key: "d", flag: "Placement"},
```

```
  {key: "a", flag: "Deletion"}
]
```

其中:

- {key: "d", flag: "Placement"}代表"d 对应 DOM 元素需要插入页面"。
- {key: "a", flag: "Deletion"}代表"a 对应 DOM 元素需要被删除"。

执行后的结果是:视图中的 a 变为 d。

再比如下面的代码:

```
// 更新前
const before = [
  {key: 'a'},
  {key: 'b'},
  {key: 'c'},
]
// 更新后
const after = [
  {key: 'c'},
  {key: 'b'},
  {key: 'a'}
]

// diff(before, after) 输出
[
  {key: "b", flag: "Placement"},
  {key: "a", flag: "Placement"}
]
```

- {key: "b", flag: "Placement"}代表"b 对应的 DOM 元素需要向右移动"。abc 经过该操作后变为 acb。
- {key: "a", flag: "Placement"}代表"a 对应的 DOM 元素需要向右移动"。acb 经过该操作后变为 cba。

执行后的结果是:视图中的 abc 变为 cba。注意,"标记的 Placement"最终对应何种"操作 DOM 元素的方法"需要参考 4.4.2 节的实现。

diff 算法的核心逻辑包括三个步骤：

（1）遍历前的准备工作；

（2）核心遍历逻辑；

（3）遍历后的收尾工作。

```
function diff(before: NodeList, after: NodeList): NodeList {
  const result: NodeList = [];

  // 省略遍历前的准备工作

  for (let i = 0; i < after.length; i++) {
    // 省略核心遍历逻辑
  }

  // 省略遍历后的收尾工作

  return result;
}
```

7.3.1 遍历前的准备工作

我们将 before 中每个 node 保存在"以 node.key 为 key，node 为 value"的 map 中。这样，以 $O(1)$ 复杂度就能通过 key 找到"before 中对应的 node"：

```
// 将 before 保存在 map 中
const beforeMap = new Map<string, Node>();
before.forEach((node, i) => {
  node.index = i;
  beforeMap.set(node.key, node);
})
```

7.3.2 核心遍历逻辑

当遍历 after 时，如果一个 node 同时存在于 before 与 after（key 相同），我们称这个 node 可复用。如下面的例子中，b 是可复用的：

```
// 更新前
const before = [
  {key: 'a'},
  {key: 'b'}
]
// 更新后
const after = [
  {key: 'b'}
]
```

如果 node 可复用，本次更新一定属于以下两种情况之一：

（1）不移动

（2）移动

如何判断"可复用的 node"是否移动呢？使用上一节介绍的 lastPlacedIndex 变量保存"遍历到的最后一个可复用 node 在 before 中的 index"：

```
// 遍历到的最后一个可复用 node 在 before 中的 index
let lastPlacedIndex = 0;
```

遍历 after 时，每轮遍历到的 node，一定是"当前遍历到的所有 node 中最靠右的一个"。如果这个 node 是"可复用的 node"，那么 nodeBefore（"可复用的 node"在 before 中对应的 node）与 lastPlacedIndex 存在两种关系。

（1）nodeBefore.index < lastPlacedIndex

表明"nodeBefore 在'lastPlacedIndex 对应 nodeBefore 左边"。已知 nodeAfter（"可复用的 node"在 after 中对应的 node）不会在"lastPlacedIndex 对应 node"左边（因为它是当前所有同级 nodeAfter 中最靠右的一个），这表明该 nodeAfter 发生了移动，需要标记 Placement。

（2）nodeBefore.index >= lastPlacedIndex

表明"nodeBefore 不在'lastPlacedIndex 对应 nodeBefore 左边'"。与 nodeAfter 位置一致，所以不需要移动。

```
// 遍历到的最后一个可复用 node 在 before 中的 index
let lastPlacedIndex = 0;

for (let i = 0; i < after.length; i++) {
  const afterNode = after[i];
  afterNode.index = i;
  const beforeNode = beforeMap.get(afterNode.key);

  if (beforeNode) {
    // 存在可复用 node
    // 从 map 中剔除该可复用 node
    beforeMap.delete(beforeNode.key);

    const oldIndex = beforeNode.index as number;

    // 核心判断逻辑
    if (oldIndex < lastPlacedIndex) {
      // 移动
      afterNode.flag = 'Placement';
      result.push(afterNode);
      continue;
    } else {
      // 不移动
      lastPlacedIndex = oldIndex;
    }
  } else {
    // 不存在可复用 node，这是一个新节点
    afterNode.flag = 'Placement';
    result.push(afterNode);
  }
}
```

7.3.3 遍历后的收尾工作

经过遍历，如果 beforeMap 中还剩下 node，代表"这些 node 无法复用，需要标记 Deletion"。如下面的例子中，遍历完 after 后，beforeMap 中还剩余{key: 'a'}：

```
// 更新前
const before = [
  {key: 'a'},
  {key: 'b'}
]
// 更新后
const after = [
  {key: 'b'}
]
```

这意味着 a 需要被标记 Deletion。所以，Diff 算法实现最后还需要加入"标记 Deletion"的逻辑：

```
beforeMap.forEach(node => {
  node.flag = 'Deletion';
  result.push(node);
});
```

完整的 Diff 算法实现见示例 7-1。

示例 7-1：
```
type NodeList = Node[];
type Flag = "Placement" | "Deletion";

interface Node {
  key: string;
  flag?: Flag;
  index?: number;
}

// Diff 算法的实现
function diff(before: NodeList, after: NodeList): NodeList {
```

```
let lastPlacedIndex = 0;
const result: NodeList = [];

const beforeMap = new Map<string, Node>();
before.forEach((node, i) => {
  node.index = i;
  beforeMap.set(node.key, node);
});

for (let i = 0; i < after.length; i++) {
  const afterNode = after[i];
  afterNode.index = i;
  const beforeNode = beforeMap.get(afterNode.key);

  if (beforeNode) {
    // 复用旧节点
    beforeMap.delete(beforeNode.key);

    const oldIndex = beforeNode.index as number;
    if (oldIndex < lastPlacedIndex) {
      afterNode.flag = "Placement";
      result.push(afterNode);
      continue;
    } else {
      lastPlacedIndex = oldIndex;
    }
  } else {
    // 创建新节点
    afterNode.flag = "Placement";
    result.push(afterNode);
  }
}

beforeMap.forEach((node) => {
  node.flag = "Deletion";
```

```
    result.push(node);
});

return result;
}
```

7.4 总结

render 阶段的每个 fiberNode 可能经历如下流程之一：

（1）bailout 流程

（2）reconcile 流程

reconcile 流程的目的是"对比 current fiberNode 与 JSX 对象，生成 wip fiberNode"。reconcile 流程的核心逻辑是 Diff 算法。根据"参与比较的 JSX 对象数量不同"，可以将 Diff 算法分为：

（1）单节点 Diff

（2）多节点 Diff

单节点 Diff 需要考虑：

（1）节点复用问题

（2）多余节点删除

多节点 Diff 需要考虑：

（1）节点复用问题

（2）节点的增删

（3）节点的移动

第 8 章

FC 与 Hooks 实现

在 2015 年之前，React 通过 React.createClass 方法创建组件实例。当 ES6 发布，Class 语法得到支持后，React 遵循标准，从 v0.13.1 开始支持 Class 语法形式的组件，即 ClassComponent。关于 ClassComponent，有两个问题一直困扰着开发者：

（1）业务逻辑分散。

开发者编写的业务逻辑会分散在不同生命周期函数中，这不仅会造成"同一个生命周期函数中包含多种不相关的逻辑"，也会造成"同一个业务逻辑被分割到不同生命周期函数中"。组件愈发复杂，这个问题会愈发严重。

（2）"有状态的逻辑"复用困难。

承接上一个问题，当逻辑被分割到不同生命周期函数中后，很难跨组件复用"有状态的逻辑"。为了解决这个问题，React 先后提出了 render props 和 higher-order component。虽然熟练应用这些模式能够复用"有状态的逻辑"，但也为组件结构引入了新的复杂度。

v16.8 带来了 Hooks，它的出现为以上问题提供了新的解决思路。本章将围绕两部分内容展开：

- 理念方面：讲解 React 未来的发展与 FC 的关系。
- 实现方面：讲解主流 Hooks 的源码实现。

本章的最后将结合之前所学的知识，在 React 源码内实现一个全新的 Hooks——useErrorBoundary。

8.1 心智模型

自从 Hooks 问世后，React 后续发展主要围绕 FC 展开，不再有基于 ClassComponent 的重要特性出现。不仅如此，React 的新文档也全面使用 FC 进行演示。因此可以说，FC 在 React 未来的发展中扮演了举足轻重的角色。要了解其中缘由，还得从它的心智模型——代数效应讲起。

8.1.1 代数效应

React 核心团队成员，Hooks 的作者 Sebastian Markbage 曾说过："我们在 React 中做的，就是践行代数效应"。代数效应是函数式编程中的一个概念，用于"将副作用从函数调用中分离"。接下来，我们将使用**虚构的语法**来解释代数效应的思想。注意，本节的语法是完全虚构的，ES 中并不存在对应语法。使用虚构语法的目的是方便读者理解背后传达的"将副作用从函数调用中分离"的理念。

假设业务中有一个方法 getTotalPicNum，传入两个用户名后，分别查找该用户在平台保存的图片数量，最后将图片数量相加后返回：

```
function getTotalPicNum(user1, user2) {
  const picNum1 = getPicNum(user1);
  const picNum2 = getPicNum(user2);

  return picNum1 + picNum2;
}
```

通常，负责具体查找操作的 getPicNum 方法是一个"包含副作用的异步函数"。如何在支持异步函数的同时保持 getTotalPicNum 方法的调用方式不变？我们首先想到了使用 async await：

```
async function getTotalPicNum(user1, user2) {
  const picNum1 = await getPicNum(user1);
  const picNum2 = await getPicNum(user2);

  return picNum1 + picNum2;
}
```

但是，async 语法有传染性——当一个函数变为 async 后，这意味着调用它的函数也需要做出改变，因此破坏了 getTotalPicNum 的同步特性。如何在保持 getTotalPicNum 现有调用方式不变的情况下支持异步请求？我们可以虚构一个类似 try...catch 的语法——try...handle：

```
function getPicNum(name) {
  // 虚构的语法 perform
  const picNum = perform name;
  return picNum;
}

// 虚构的语法 try...handle
try {
  getTotalPicNum('kaSong', 'xiaoMing');
} handle (who) {
  // 虚构的语法 resume with
  switch (who) {
    case 'kaSong':
      resume with 230;
    case 'xiaoMing':
      resume with 122;
    default:
      resume with 0;
  }
}
```

当执行 getTotalPicNum 方法，执行到 getPicNum 方法内的 perform name 时，效果与 throw 语法类似。throw 执行后，会被最近的 catch 捕获。类似的，perform name 执行后，会被最近的 handle "捕获"，name 会被作为 "who 的传参"。当执行 resume with 语

法时，执行上下文会回到 getPicNum 方法内，同时 resume with 的值被赋给 picNum，并被返回。所以，上例中 getTotalPicNum 方法的执行结果为 230 + 122 = 352。

如果存在 try...handle 语法，可以发现它的一个显著好处：不管 getPicNum 方法是同步还是异步，都不会影响 getTotalPicNum 方法。这就是本节开篇提到的"将副作用从函数调用中分离"的理念。这套理念在 React 中是如何践行的呢？8.1.2 节将讲解相关内容。

8.1.2　FC 与 Suspense

参考示例 8-1，其中 App 为挂载的组件。

示例 8-1：
```
function App() {
 return (
   <Suspense fallback={<h1>加载中...</h1>}>
     <TotalPicNum u1="kaSong" u2="xiaoMing" />
   </Suspense>
 );
}

function TotalPicNum({ u1, u2 }) {
  const num = getTotalPicNum(u1, u2).read();
  return <div>总数量为{num}</div>;
}
```

根据 TotalPicNum 组件的返回值可以推测，num 是 Number 类型，进而推测 getTotalPicNum(u1, u2).read 方法的执行过程是同步的。实际上，FC 在设计上践行了代数效应的思想，getTotalPicNum 方法内部完全可以发起异步请求。"异步请求 pending 状态的 UI"会由组件树中离 TotalPicNum 最近的 Suspense fallback 展示。换句话说，**只要遵循一定规范，在 FC 中可以不区分同步、异步，以同样的方式从数据源中获取数据**。基于这个设定，所有"从数据源获取数据"的操作都可以收敛到这套"代数效应"的实现中。未来"FC 配合 Suspense"的应用场景将非常广阔,这也是 React 未来的发展逐渐倾向于 FC 的一大原因。

举例说明,试验性的包 react-fetch(包名还不稳定,可能变化)借用代数效应的思想,可以用"同步的形式"编写 fetch 请求:

```
import {fetch} from "react-fetch";
function App() {
  // 省略请求地址
  const list = fetch("http:// …").json();
  return (
    <ul>{list.map(item => <li>{item.name}</li>)}</ul>
  )
}
```

代数效应在 React 中的应用需要 Suspense 来处理"视图的 pending 状态"。除代数效应这一应用场景外,Suspense 还有如下多种应用场景。

(1) React.lazy

用于像渲染常规组件一样处理"动态引入的组件":

```
// 使用前
import OtherComponent from './OtherComponent';
// 使用后
const OtherComponent = React.lazy(() => import('./OtherComponent'));
```

当使用 Webpack 等工具实现动态 import 时,加载"动态引入的组件"会发起一个 JSONP 请求,当请求返回前,UI 的中间状态会交由组件树中离"动态引入的组件"最近的 Suspense 处理。

(2) startTransition(以及类似的 useTransition)

考虑如下示例,其中 Cpn1 与 Cpn2 均为"动态引入的组件":

```
const Cpn1 = React.lazy(() => import('./Cpn1'));
const Cpn2 = React.lazy(() => import('./Cpn2'));

function App() {
  const [tab, setTab] = React.useState('cpn1');
```

```
function handleTabSelect(tab) {
  setTab(tab);
};

return (
  <div>
    <Tabs onTabSelect={handleTabSelect} />
    <Suspense fallback={<div>切换中...</div>}>
      {tab === 'cpn1' ? <Cpn1 /> : <Cpn2 />}
    </Suspense>
  </div>
);
}
```

当切换 Tab 时，Cpn2 加载过程中会显示<div>切换中...</div>。有时我们希望新组件加载过程中，先保留旧组件的 UI。这时可以使用 startTransition 降低"本次更新的优先级"，React 会保留旧的 UI，并等待新的 UI 完成：

```
function handleTabSelect(tab) {
  startTransition(() => {
    setTab(tab);
  });
}
```

（3）Server Components

通常组件会在客户端的宿主环境中运行，这种组件被称为 Client Components。相对应的，在服务端运行的组件被称为 Server Components。由于 Server Components 在服务端运行，离数据源更近，在"数据请求"方面更有优势。如果上述 react-fetch 示例中的组件是 Server Components，则可以直接从数据源中快速获取数据：

```
import {db} from "./db.server";
function App() {
  // 当数据源是数据库时，直接从数据库中获取数据
  const list = db.query(`SELECT * FROM list`);
  return (
```

```
    <ul>{list.map(item => <li>{item.name}</li>)}</ul>
  )
}
```

Server Components 获取数据后，会在服务端与客户端之间以"序列化的 JSX 格式"流式传输。传输过程中 UI 的中间状态会交由 Suspense 处理。

（4）Selective Hydration

采用 SSR 时服务端输出的是 HTML 字符串，浏览器会根据这些 HTML 结构完成 React 初始化工作，比如创建 Fiber Tree、绑定事件，这个过程被称为 Hydration（注水，类比"为干瘪的 HTML 注入水分"）。Hydration 有两个缺点：

- 页面中不同组成部分"展示的优先级"是有差异的，但 Hydration 对它们一视同仁。
- 整个应用 Hydrate 工作全部完成后，UI 的任意部分才能交互。

Selective Hydration（选择性注水）可以解决上述问题。其中"选择性"由 Suspense 实现。以图 8-1 所示页面结构举例说明。

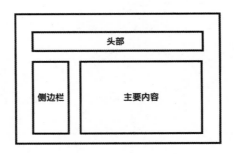

图 8-1　页面结构

对应 JSX 结构如下：

```
<Layout>
  <Header />
  <SideBar />
  <Content />
</Layout>
```

如果 SideBar 的优先级不高，可以使用 Suspense 包裹。当 React 使用 renderToPipeableStream 方法流式传输 HTML 时，会优先传输"除 SideBar 外，其他组

件对应的 HTML"。

```
<Layout>
  <Header />
  <Suspense fallback={<Spinner />}>
    <SideBar />
  </Suspense>
  <Content />
</Layout>
```

此时"SideBar 对应的 HTML"会优先展示 Suspense fallback，HTML 结构类似如下：

```
<main>
  <header>头部</header>
  <aside id='sidebar-spinner'>加载中...</aside>
  <article>正文内容</article>
</main>
```

当"SideBar 对应 HTML"传输完成后，连同它一起传输到浏览器的，还有类似如下 script 标签，使用"SideBar 对应 HTML"替换 sidebar-spinner：

```
<script>
  // 这只是简化实现
  document.getElementById('sidebar-spinner').replaceChildren(
    document.getElementById('sidebar')
  );
</script>
```

这就是 Suspense 在 Selective Hydration 中的第一个作用：为 Hydration 划分粒度，使高优先级部分优先展示。除这个作用外，当 Hydration 流程进行时，Suspense 能够使"产生用户交互的部分"优先 Hydrate。使用 Suspense 包裹 Content，代码如下：

```
<Layout>
  <Header />
  <Suspense fallback={<Spinner />}>
    <SideBar />
  </Suspense>
  <Suspense fallback={<Spinner />}>
```

```
      <Content />
    </Suspense>

  </Layout>
```

如图 8-2 所示，数字代表"Hydrate 的顺序"，色块颜色代表"是否已经 Hydrate"。

当头部 Hydrate 完成后，默认情况下，下一个 Hydrate 的组件是侧边栏。此时对主要内容产生交互（比如点击按钮），如图 8-3 所示。

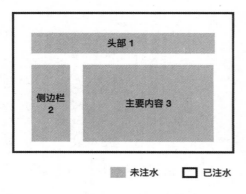

图 8-2　Hydration 进行中　　　　　　图 8-3　对主要内容产生交互

主要内容会优先 Hydrate（如图 8-4 所示），侧边栏会最后 Hydrate。

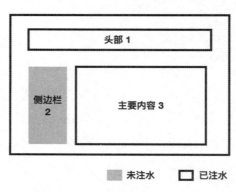

图 8-4　主要内容优先 Hydrate

这就是 Suspense 在 Selective Hydration 中的第二个作用：被 Suspense 包裹的组件可以在整个应用 Hydrate 完成前响应交互。

8.1.3 Suspense 工作流程

对于示例 8-1，getTotalPicNum(u1, u2).read 的返回值并不一定是 Number 类型。具体来讲，返回值是 wrapPromise 方法的执行结果：

```
function wrapPromise(promise) {
  let status = "pending";
  let result;
  let suspender = promise.then(
    (r) => {
      status = "success";
      result = r;
    },
    (e) => {
      status = "error";
      result = e;
    }
  );
  return {
    read() {
      if (status === "pending") {
        throw suspender;
      } else if (status === "error") {
        throw result;
      } else if (status === "success") {
        return result;
      }
    }
  };
}
```

wrapPromise 方法返回值存在如下三种情况：

- 在数据请求过程中，会抛出"数据请求对应的 promise 实例"；
- 当数据请求失败时，会抛出失败结果；

- 当数据请求成功时，会返回结果。

当 TotalPicNum 组件 render 时，一定处于上述三种状态之一。当数据请求成功时，会继续进行组件 render 逻辑。当数据请求失败时，会进行"错误捕获"逻辑。当数据处于请求过程中，接下来的逻辑会交由组件树中离 TotalPicNum 最近的 Suspense 处理。

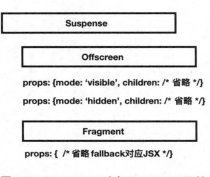

图 8-5　Suspense 对应 fiberNode 及其 child 结构图

通常来说，beginWork 的返回值是 wip.child，而 Suspense 对应 beginWork 的返回值可能并不是 wip.child。"Suspense 对应 fiberNode 及其 child"的结构见图 8-5。具体来说：

1. 当 Suspense 处于 suspend（挂起状态）时，存在 Offscreen 与 fallback Fragment 两个 child。对于 Offscreen，其 props.mode === 'hidden'（代表子树不可见），Suspense 对应 beginWork 的返回值为 fallback Fragment。

2. 当 Suspense 未处于 suspend，child 为 Offscreen，其 props.mode === 'visible'（代表子树可见），Suspense 对应 beginWork 的返回值为 Offscreen。

mountSuspenseFallbackChildren 方法对应"mount 时 Suspense 处于 suspend"的逻辑：

```
function mountSuspenseFallbackChildren(
  workInProgress,
  primaryChildren,
  fallbackChildren,
  renderLanes,
) {
  // 省略代码

  // primaryChildFragment 代表 "Offscreen 对应 fiberNode"
  primaryChildFragment.return = workInProgress;

  // fallbackChildFragment 代表 "fallback Fragment 对应 fiberNode"
```

```
fallbackChildFragment.return = workInProgress;
primaryChildFragment.sibling = fallbackChildFragment;

// Suspense child 指向"Offscreen 对应 fiberNode"
workInProgress.child = primaryChildFragment;

// 返回"fallback Fragment 对应 fiberNode"
return fallbackChildFragment;
}
```

接下来我们参考示例 8-1，结合 Suspense 的结构，讲解其工作流程。完整工作流程如图 8-6 所示。

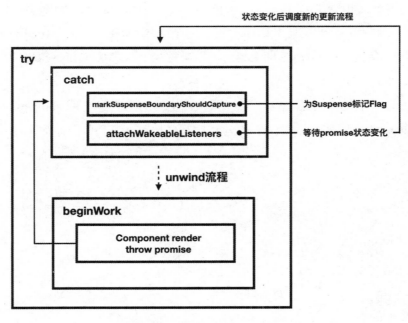

图 8-6 Suspense 工作流程

当 mount 流程中的 beginWork 进行到 Suspense 时，返回"Offscreen 对应 fiberNode"（props.mode === 'visible'）作为其子 fiberNode。"Offscreen 对应 fiberNode"经过 beginWork 返回"TotalPicNum 对应 fiberNode"作为其子 fiberNode。当 TotalPicNum 组件进入 render 流程时，getTotalPicNum(u1, u2).read 方法会 throw promise，TotalPicNum

组件的 render 流程被迫中断。

此时"包裹 render 阶段的 try...catch"会捕获这个 promise，并执行以下操作：

（1）寻找 Wip Fiber Tree 中离"抛出错误的 fiberNode"最近的"Suspense 对应的 fiberNode"，并为它标记 ShouldCapture flag。

（2）等待 promise 状态变化，在 then 回调中触发新一轮更新。

当以上操作完成后，React 会进入 unwind 流程，即"render 阶段发生错误后的重置流程"。这一流程的主要用途是"捕获错误后显示 fallback UI"，比如：

（1）ErrorBoundary 捕获"render 阶段错误"后，显示"getDerivedStateFromError 方法返回的状态"。

（2）Suspense 捕获"render 阶段 promise"后，显示 Suspense fallback。

unwind 流程开始于"发生错误的组件对应 fiberNode"（即"TotalPicNum 对应 fiberNode"），会从该 fiberNode 向上遍历，遍历过程中重置沿途 fiberNode 的 context 相关信息。

前面的章节已经介绍过一种"render 阶段向上遍历的流程"，即 completeWork 流程。实际上，unwind 流程是 completeWork 流程的特殊情况，它们的关系如下：

```
function completeUnitOfWork(unitOfWork) {
  let completedWork = unitOfWork;
  do {
    // 省略代码

    if ((completedWork.flags & Incomplete) === NoFlags) {
    // 如果没有遇到异常，使用 completeWork 向上遍历
      let next = completeWork(current, completedWork, subtreeRenderLanes);

      if (next !== null) {
        workInProgress = next;
        return;
      }
    } else {
      // 遇到异常需要重置，使用 unwindWork 向上遍历
```

```
    const next = unwindWork(completedWork, subtreeRenderLanes);

    if (next !== null) {
      next.flags &= HostEffectMask;
      workInProgress = next;
      return;
    }

    // 省略代码
  }
} while (completedWork !== null);
}
```

注意观察 unwind 流程中如下逻辑，当遇到"符合条件的 Suspense 或 ErrorBoundary"时，会将"其对应的 fiberNode"返回：

```
const next = unwindWork(completedWork, subtreeRenderLanes);

if (next !== null) {
  next.flags &= HostEffectMask;
  // 如果有返回值会被赋给 workInProgress
  workInProgress = next;
  // 同时终止 unwind 流程
  return;
}
```

"符合条件的 Suspense 或 ErrorBoundary 对应 fiberNode"作为返回值被重新赋给 wip，同时终止 unwind 流程。这意味着 beginWork 流程会继续从"符合条件的 Suspense 或 ErrorBoundary 对应的 fiberNode"向下遍历。对于示例 8-1，render 阶段会从"Suspense 对应 fiberNode"继续向下遍历。

注意，在进入 commit 阶段之前，"Suspense 对应的 beginWork"已经执行了两次。第一次是"非 suspend 状态"，第二次是"suspend 状态"。当进入 commit 阶段，beginWork 会渲染"suspend 状态对应 UI"（即"Suspense fallback 对应 UI"）。

接下来，当 promise 状态变化（这里假设请求成功）时，then 回调执行，回调内会重新触发一次更新，当 TotalPicNum 组件进入 render 流程时，getTotalPicNum(u1, u2).read 会返回"请求成功后的结果"（即 num），TotalPicNum 组件会按正常流程继续 render。

这就是示例 8-1 中 Suspense 的完整工作流程。示例中 Suspense 会经历三次 beginWork：

（1）mount 时的 beginWork，返回"Offscreen 对应 fiberNode"（props.mode === 'visible'）。

（2）由于 unwind 流程，第二次进入 mount 时的 beginWork，返回"fallback Fragment 对应 fiberNode"。

（3）等待 promise 状态变化后触发新一轮更新，进入 update 时的 beginWork，返回 "Offscreen 对应 fiberNode"（props.mode === 'visible'）。

8.2 编程：简易 useState 实现

从本节开始，我们进入 Hooks 的学习。为了更好地理解 Hooks 原理，这一节我们遵循 React 的运行流程，实现一个简易 useState Hook。

对于 useState Hook，考虑如下例子：

```
function App() {
  const [num, updateNum] = useState(0);
  return <p onClick={() => updateNum(num => num + 1)}>{num}</p>;
}
```

可以将其工作分为两部分：

（1）通过一些途径产生更新，更新会造成组件 render；

（2）组件 render 时，useState 方法会计算 num 的最新值并返回。

其中步骤 1 的更新可以分为 mount 与 update 流程。接下来讲解这两个步骤如何实现。

8.2.1 实现"产生更新的流程"

首先实现"更新"对应的数据结构——Update。在我们的例子中，Update 数据结构如下：

```
const update = {
  // 更新执行的函数
  action,
  // 与同一个 Hook 的其他 update 形成链表
  next: null
}
```

对于 App 来说，点击 P 会产生 update，其中 update.action 为 num => num + 1。如果我们改写 App 的 onClick 回调，点击 P 则会产生三个 update：

```
// 之前
return <p onClick={() => updateNum(num => num + 1)}>{num}</p>;

// 之后
return <p onClick={() => {
  updateNum(num => num + 1);
  updateNum(num => num + 1);
  updateNum(num => num + 1);
}}>{num}</p>;
```

在调用 updateNum 时，实际调用的是 dispatchSetState.bind(null, hook.queue)，调用后的工作流程包括三个步骤：

（1）创建 update 实例；

（2）将 update 实例保存在 queue.pending 构造的环状链表中；

（3）开始调度更新。

下面来实现 dispatchSetState 方法：

```
function dispatchSetState(queue, action) {
  // 创建 update
  const update = {
    action,
    next: null
  }

  // 环状单向链表操作
  if (queue.pending === null) {
```

```
    update.next = update;
  } else {
    update.next = queue.pending.next;
    queue.pending.next = update;
  }
  queue.pending = update;

  // 模拟 React 开始调度更新
  schedule();
}
```

第 6 章讲解过"update 环状链表的操作",这里不再赘述。更新产生的 update 保存在 queue 中,不同于 ClassComponent 的实例可以存储数据,对于 FC,queue 存储在哪里呢?答案是 FC 对应的 fiberNode 中。这里我们使用如下精简的 FiberNode 结构:

```
// App 组件对应的 fiber 对象
const fiber = {
  // 保存该 FC 对应的 Hooks 链表
  memoizedState: null,
  // 指向 App 函数
  stateNode: App
};
```

接下来我们关注 fiber.memoizedState 中保存的 Hooks 的数据结构:

```
let hook = {
  // 保存 update 的 queue,即 dispatchSetState 接收的 queue
  queue: {
    pending: null
  },
  // 保存 hook 对应的 state
  memoizedState: initialState,
  // 与下一个 hook 连接形成单向无环链表
  next: null
}
```

可以发现,hook 与 update 类似,都通过链表连接。区别在于:hook 是无环的单向链表,update 是环状单向链表。注意区分 update 与 hook 的所属关系。

每个 useState 对应一个 hook 对象。调用 const [num, updateNum] = useState(0); 时，updateNum（即 dispatchSetState）中产生的 update 保存在"useState 对应的 hook.queue"中。

在上述 dispatchSetState 方法末尾，我们通过 schedule 方法模拟 React 调度流程，现在来实现它。isMount 变量指代"更新流程是 mount 还是 update"，callbackNode 变量保存"调度的 timeout 对应 ID"，workInProgressHook 变量指向"当前正在执行的 hook"：

```
function schedule() {
  if (callbackNode) {
    // 存在其他调度，取消它
    clearTimeout(callbackNode);
  }
  // 开始调度
  callbackNode = setTimeout(() => {
    // 更新前将workInProgressHook重置为fiber保存的第一个hook
    workInProgressHook = fiber.memoizedState;
    // 触发组件render
    fiber.stateNode();
    // 组件首次render为mount，以后再触发的更新为update
    isMount = false;
  });
}
```

由于 workInProgressHook 变量指向"当前正在执行的 hook"，因此每次组件 render 前，workInProgressHook 都会重置为"fiberNode 中保存的第一个 hook"。在组件 render 时，每当遇到下一个 useState，就将 workInProgressHook 指向下一个 hook。只要每次组件 render 时 useState 的调用顺序及数量保持一致，则始终可以通过 workInProgressHook 找到"当前 useState 对应的 hook"：

```
workInProgressHook = workInProgressHook.next;
```

至此，我们已经完成第一步：通过一些途径产生更新，更新会造成组件 render。

接下来实现第二步：组件 render 时，useState 方法会计算 num 的最新值并返回。

8.2.2 实现 useState

组件 render 时会调用 useState，其逻辑大体包含以下三个步骤。

（1）获取 useState 对应的 hook；

（2）计算"最新 state"；

（3）返回"最新 state"及 dispatchSetState 方法。

```
function useState(initialState) {
  // 当前 useState 使用的 hook 会被赋值给该变量
  let hook;

  if (isMount) {
    // ...mount 时的逻辑，需要创建 hook
  } else {
    // ...update 时的逻辑，从 workInProgressHook 中取出该 useState 对应的 hook
  }

  let baseState = hook.memoizedState;
  if (hook.queue.pending) {
    // 省略根据 queue.pending 中保存的 update 更新 state
  }
  hook.memoizedState = baseState;

  return [baseState, dispatchSetState.bind(null, hook.queue)];
}
```

获取"useState 对应 hook"需要区分 mount 与 update，mount 时为该 useState 生成对应的 hook，update 时 workInProgressHook 指向对应的 hook：

```
if (isMount) {
  // mount 时为该 useState 生成 hook
  hook = {
    queue: {
      pending: null
    },
```

```
    memoizedState: initialState,
    next: null
  }

  // 将 hook 插入 fiber.memoizedState 链表末尾
  if (!fiber.memoizedState) {
    fiber.memoizedState = hook;
  } else {
    workInProgressHook.next = hook;
  }
  // workInProgressHook 指向该 hook
  workInProgressHook = hook;
} else {
  // update 时 workInProgressHook 指向对应 hook
  hook = workInProgressHook;
  // workInProgressHook 继续指向下一个 hook
  workInProgressHook = workInProgressHook.next;
}
```

当找到"useState 对应的 hook"后,如果 hook.queue.pending 不为空(即存在 update),则计算"最新 state":

```
// update 执行前的初始 state
let baseState = hook.memoizedState;

if (hook.queue.pending) {
  // 获取 update 环状单向链表中第一个 update
  let firstUpdate = hook.queue.pending.next;

  do {
    // 执行 update action
    const action = firstUpdate.action;
    baseState = action(baseState);
    firstUpdate = firstUpdate.next;
    // 最后一个 update 执行完后跳出循环
  } while (firstUpdate !== hook.queue.pending.next)
```

```
  // 清空 queue.pending
  hook.queue.pending = null;
}

// 将 update action 执行完后的 state 作为 memoizedState
hook.memoizedState = baseState;
```

最后，将 baseState 与"预置 hook.queue 的 dispatchSetState 方法"返回：

```
return [baseState, dispatchSetState.bind(null, hook.queue)];
```

为了保持示例简洁，我们来抽象示例中的事件触发方式。通过调用"App 返回的 click 方法"模拟组件 click 的行为：

```
function App() {
  const [num, updateNum] = useState(0);
  console.log(`${isMount ? 'mount' : 'update'} num: `, num);

  return {
    click() {
      updateNum(num => num + 1);
    }
  }
}
```

将 App 返回值暴露给 window 后，通过执行 window.app.click 模拟组件点击事件。

"简易 useState 实现"完整代码见示例 8-2。

示例 8-2：

```
let callbackNode: number | undefined = undefined;
let workInProgressHook: Hook | undefined;
let isMount = true;

type Action = (key: any) => void;

interface Fiber {
  memoizedState?: Hook;
```

```ts
  stateNode: () => { click: () => void };
}

interface Hook {
  queue: Queue;
  memoizedState: any;
  next?: Hook;
}

interface Update {
  action: Action;
  next?: Update;
}

interface Queue {
  pending?: Update;
}

const fiber: Fiber = {
  memoizedState: undefined,
  stateNode: App
};

function schedule() {
  if (callbackNode) {
    clearTimeout(callbackNode);
  }
  callbackNode = setTimeout(() => {
    workInProgressHook = fiber.memoizedState;
    window.app = fiber.stateNode();
    isMount = false;
  });
}

function dispatchSetState(queue: Queue, action: Action) {
```

```
  const update: Update = {
    action,
    next: undefined
  };
  if (!queue.pending) {
    update.next = update;
  } else {
    update.next = queue.pending.next;
    queue.pending.next = update;
  }
  queue.pending = update;

  schedule();
}

function useState(initialState: any) {
  let hook;

  if (isMount) {
    hook = {
      queue: {
        pending: undefined
      },
      memoizedState: initialState,
      next: undefined
    };
    if (!fiber.memoizedState) {
      fiber.memoizedState = hook;
    } else {
      (workInProgressHook as Hook).next = hook;
    }
    workInProgressHook = hook;
  } else {
    hook = workInProgressHook;
    workInProgressHook = (workInProgressHook as Hook).next;
```

```
}

if (!hook) {
  throw new Error("目标Hook不存在");
}

let baseState = hook.memoizedState;
if (hook.queue.pending) {
  let firstUpdate = hook.queue.pending.next as Update;

  do {
    const action = firstUpdate.action;
    baseState = action(baseState);
    firstUpdate = firstUpdate.next as Update;
  } while (firstUpdate !== hook.queue.pending.next);

  hook.queue.pending = undefined;
}
hook.memoizedState = baseState;

return [baseState, dispatchSetState.bind(null, hook.queue)];
}
```

8.2.3 简易实现的不足

在 8.2.2 节中,我们用尽可能少的代码模拟了 Hooks 的运行。相比 React Hooks,它还有很多不足,比如:

(1) 没有实现 update 的优先级机制;

(2) 没有完善的调度流程、Fiber 架构;

(3) 没有处理边界情况,比如"render 阶段触发更新"。

但是瑕不掩瑜,示例 8-2 涵盖了 React Hooks 的主要工作流程。

8.3 Hooks 流程概览

我们在 8.2.2 节中实现了简易的 useState，了解了 Hooks 的运行原理。本节我们讲解 Hooks 的数据结构以及所有 Hooks 的共性。

8.3.1 dispatcher

在 8.2 节的简易 useState 实现中，isMount 变量用来区分 mount 与 update。

在 React Hooks 中，组件"mount 时的 hook"与"update 时的 hook"来源于不同的对象，这类对象在源码中被称为 dispatcher：

```
// mount 时的 dispatcher
const HooksDispatcherOnMount = {
  useCallback: mountCallback,
  useContext: readContext,
  useEffect: mountEffect,
  useImperativeHandle: mountImperativeHandle,
  useLayoutEffect: mountLayoutEffect,
  useMemo: mountMemo,
  useReducer: mountReducer,
  useRef: mountRef,
  useState: mountState,
  // 省略
};

// update 时的 dispatcher
const HooksDispatcherOnUpdate = {
  useCallback: updateCallback,
  useContext: readContext,
  useEffect: updateEffect,
  useImperativeHandle: updateImperativeHandle,
  useLayoutEffect: updateLayoutEffect,
  useMemo: updateMemo,
```

```
  useReducer: updateReducer,
  useRef: updateRef,
  useState: updateState,
  // 省略
};
```

在 FC 进入 render 流程前，会根据"FC 对应 fiberNode 的如下判断条件"为 ReactCurrentDispatcher.current 赋值。其中 current.memoizedState 保存"hook 对应数据"（通过 8.2 节内容可知）。在 FC render 时，可以从 ReactCurrentDispatcher.current 中获取"当前上下文环境 Hooks 对应的实现"：

```
// 通过 current 与 current.memoizedState 区分 mount 与 update
if (current !== null && current.memoizedState !== null) {
  // update 时
  ReactCurrentDispatcher.current = HooksDispatcherOnUpdate;
} else {
  // mount 时
  ReactCurrentDispatcher.current = HooksDispatcherOnMount;
}
```

这样设计的目的是检测"Hooks 执行的上下文环境"。考虑如下情况，当错误地书写了嵌套形式的 hook：

```
useEffect(() => {
  useState(0);
})
```

此时 ReactCurrentDispatcher.current 已经指向 ContextOnlyDispatcher，所以执行 useState 方法时，实际执行的是 throwInvalidHookError 方法：

```
export const ContextOnlyDispatcher = {
  useCallback: throwInvalidHookError,
  useContext: throwInvalidHookError,
  useEffect: throwInvalidHookError,
  useImperativeHandle: throwInvalidHookError,
  useLayoutEffect: throwInvalidHookError,
  // 省略代码
}
```

该方法会直接抛出错误：

```
function throwInvalidHookError() {
  throw new Error('Invalid hook call. Hooks can only be called inside
of the body of a function component. This could happen for' + ' one of
the following reasons:\n' + '1. You might have mismatching versions of
React and the renderer (such as React DOM)\n' + '2. You might be
breaking the Rules of Hooks\n' + '3. You might have more than one copy
of React in the same app\n' + 'See https://reactjs.org/link/invalid-
hook-call for tips about how to debug and fix this problem.');
}
```

虽然"基于 ReactCurrentDispatcher.current 指向 Hooks 的实现"有众多好处，但也为开发者带来了一些困惑。比如，开发组件库时，使用 npm link 进行本地调试，如果"组件库中 Hooks 对应的 ReactCurrentDispatcher.current"与"项目中的 ReactCurrentDispatcher.current"来自不同的 React 引用，就会报错。这时候需要在项目中为 React 添加 alias（别名）来解决这个问题。

8.3.2 Hooks 的数据结构

Hooks 的数据结构与 Update 类似，相信读者已经熟悉这些字段的意义：

```
const hook = {
  memoizedState: null,
  baseState: null,
  baseQueue: null,
  queue: null,
  next: null
};
```

这里主要关注 memoizedState 字段，了解 hook.memoizedState 与 fiberNode.memoizedState 属性的区别。

fiberNode.memoizedState："FC 对应 fiberNode"保存的 Hooks 链表中第一个 hook 的数据。

hook.memoizedState：某个 hook 自身的数据。

不同类型 Hook 的 memoizedState 保存了不同类型的数据，比如：

（1）useState：对于 const [state, updateState] = useState(initialState)，memoizedState 保存 state 的值。

（2）useReducer：对于 const [state, dispatch] = useReducer(reducer, {})，memoizedState 保存 state 的值。

（3）useEffect：对于 useEffect(callback, [...deps])，memoizedState 保存 callback、[...deps]等数据。

（4）useRef：对于 useRef(initialValue)，memoizedState 保存{current: initialValue}。

（5）useMemo：对于 useMemo(callback, [...deps])，memoizedState 保存[callback(), [...deps]]。

（6）useCallback：对于 useCallback(callback, [...deps])，memoizedState 保存[callback, [...deps]]。与 useMemo 的区别是，useCallback 保存的是 callback 函数本身，而 useMemo 保存的是 "callback 函数的执行结果"。

有些 Hook 不需要 memoizedState 保存自身数据，比如 useContext。

8.3.3 Hooks 执行流程

所有 Hook 执行流程大体一致：

（1）FC 进入 render 流程前，确定 ReactCurrentDispatcher.current 指向；

（2）进入 mount 流程时，执行 mount 对应逻辑，方法名一般为 "mountXXX"（其中 XXX 替换为 hook 名称，如：mountState）；

```
function mountXXX() {
  // 获取对应hook
  const hook = mountWorkInProgressHook();
  // 省略执行hook自身的操作
}
```

（3）update 时，执行 update 对应逻辑，方法名一般为 "updateXXX"（其中 XXX 替

换为 hook 名称，如：updateState）。

```
function updateXXX() {
  // 获取对应 hook
  const hook = updateWorkInProgressHook();
  // 省略执行 hook 自身的操作
}
```

（4）其他情况 hook 执行，依据 ReactCurrentDispatcher.current 指向做不同处理。

上述 mountWorkInProgressHook 方法用于"在 mount 时获取对应 hook 数据"，类似简易实现中的"isMount 部分逻辑"。其实现如下：

```
function mountWorkInProgressHook() {
  // 创建 hook 数据
  const hook = {
    memoizedState: null,
    baseState: null,
    baseQueue: null,
    queue: null,
    next: null,
  };

  if (workInProgressHook === null) {
    // 这是链表中第一个 hook
    currentlyRenderingFiber.memoizedState = workInProgressHook = hook;
  } else {
    // 加入已有链表中
    workInProgressHook = workInProgressHook.next = hook;
  }
  return workInProgressHook;
}
```

updateWorkInProgressHook 方法用于"在 update 时获取对应 hook 数据"，目的与 mountWorkInProgressHook 方法类似，但实现比 mountWorkInProgressHook 方法复杂，主要原因在于 update 时需要区分两种情况：

（1）正常 update 流程，此时会克隆 currentHook 作为 workInProgressHook 并返回。

（2）render 阶段触发的更新，因为上一轮 render 阶段已经创建了 workInProgressHook，所以直接返回 workInProgressHook。

8.4　useState 与 useReducer

Redux 联合作者 Dan 加入 React 核心团队后，将 Redux 的理念带入 Hooks 中，提出了 useReducer。从本质上来说，useState 只是"预置了 reducer 的 useReducer"。这两个 Hook 的工作流程分为声明阶段和执行阶段，参考以下代码：

```
function App() {
  const [state, dispatch] = useReducer(reducer, {a: 1});
  const [num, updateNum] = useState(0);

  return (
    <div>
      <button onClick={() => dispatch({type: 'a'})}>{state.a}</button>
      <button onClick={() => updateNum(num => num + 1)}>{num}</button>
    </div>
  )
}
```

声明阶段即"App 组件进入 render 时"，会依次执行 useReducer 与 useState 方法。执行阶段即"点击按钮后"，dispatch 或 updateNum 被调用时。由于 6.4 节已经介绍过执行阶段，接下来主要介绍声明阶段。

mount 阶段的整体运行逻辑与"简易 useState 实现"中 isMount 的逻辑类似。

当 FC 进入 render 阶段的 beginWork 时，会调用 renderWithHooks 方法。

该方法内部会执行 FC 对应函数（即 fiberNode.type）。mount 阶段，useReducer 会执行 mountReducer 方法，useState 会执行 mountState 方法。两个方法的具体代码如下：

```
function mountState(initialState) {
  // 创建 useState 对应 hook
  const hook = mountWorkInProgressHook();
  if (typeof initialState === 'function') {
```

```js
    // 函数类型 value
    initialState = initialState();
  }
  // 初始化 memoizedState
  hook.memoizedState = hook.baseState = initialState;
  // 初始化 hook.queue
  const queue = {
    pending: null,
    interleaved: null,
    lanes: NoLanes,
    dispatch: null,
    lastRenderedReducer: basicStateReducer,
    lastRenderedState: initialState,
  };
  hook.queue = queue;
  const dispatch = (queue.dispatch = (dispatchSetState.bind(
    null,
    currentlyRenderingFiber,
    queue,
  )));
  return [hook.memoizedState, dispatch];
}

function mountReducer (
  reducer,
  initialArg,
  init,
) {
  // 创建 useReducer 对应 hook
  const hook = mountWorkInProgressHook();

  // 初始化 memoizedState
  let initialState;
  if (init !== undefined) {
    initialState = init(initialArg);
```

```
  } else {
    initialState = initialArg;
  }
  hook.memoizedState = hook.baseState = initialState;

  // 初始化 hook.queue
  const queue = {
    pending: null,
    interleaved: null,
    lanes: NoLanes,
    dispatch: null,
    lastRenderedReducer: reducer,
    lastRenderedState: initialStates,
  };
  hook.queue = queue;
  const dispatch = (queue.dispatch = (dispatchReducerAction.bind(
    null,
    currentlyRenderingFiber,
    queue,
  )));
  return [hook.memoizedState, dispatch];
}
```

对比后发现，mount 时这两个 Hook 的区别主要体现在 queue.lastRenderedReducer 属性上，其代表"上一次 render 时使用的 reducer"。其中：

（1）useReducer 的 lastRenderedReducer 为"传入的 reducer 参数"。

（2）useState 的 lastRenderedReducer 为 basicStateReducer。

所以，useState 可以视为"reducer 参数为 basicStateReducer 的 useReducer"。

```
function basicStateReducer(state, action) {
  return typeof action === 'function' ? action(state) : action;
}
```

在 update 时，useReducer 与 useState 执行的是同一个函数——updateReducer：

```
function updateReducer (
  reducer,
```

```
  initialArg,
  init,
) {
  // 获取对应hook
  const hook = updateWorkInProgressHook();
  const queue = hook.queue;

  queue.lastRenderedReducer = reducer;

  // 省略根据update链表计算state的逻辑

  const dispatch = queue.dispatch;
  return [hook.memoizedState, dispatch];
}
```

8.5 effect 相关 Hook

截至本书成稿时，React 中用于定义"有副作用的因变量"的 Hook 共有三个。

（1）useEffect

回调函数会在 commit 阶段完成后异步执行，所以不会阻塞视图渲染。

（2）useLayoutEffect

回调函数会在 commit 阶段的 Layout 子阶段同步执行，一般用于执行"DOM 相关操作"。

（3）useInsertionEffect

回调函数会在 commit 阶段的 Mutation 子阶段同步执行，与 useLayoutEffect 的区别在于——useInsertionEffect 执行时无法访问"对 DOM 的引用"。这个 Hook 是专为 CSS-in-JS（一种前端样式技术，用 ES 语法在组件中编写样式）库"插入全局 Style 元素或 Defs 元素（对于 SVG）"而设计的。

8.5.1 数据结构

对于三个"effect 相关 Hook",hook.memoizedState 共用同一套数据结构:

```
const effect = {
  // 用于区分effect 类型 Passive | Layout | Insertion
  tag,
  // effect 回调函数
  create,
  // effect 销毁函数
  destroy,
  // 依赖项
  deps,
  // 与当前FC 的其他effect 形成环状链表
  next: null
};
```

其中 tag 字段用于区分 effect 类型,比如:

(1) Passive 代表 useEffect。

(2) Layout 代表 useLayoutEffect。

(3) Insertion 代表 useInsertionEffect。

create 与 destroy 分别指代"effect 回调函数"与"effect 销毁函数",考虑如下 useEffect:

```
useEffect(() => {
  // 这里是create
  return () => {
    // 这里是destroy
  }
}, [])
```

next 字段用于"与当前 FC 的其他 effect 形成环状链表",连接方式为"单向环状链表"。注意区分其与 fiberNode.memoizedState 的区别,如图 8-7 所示。

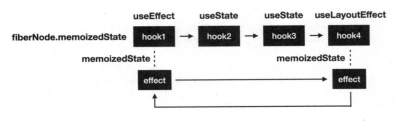

图 8-7 effect 结构示例

8.5.2 声明阶段

整体工作流程分为三个阶段：

（1）声明阶段

（2）调度阶段（useEffect 独有）

（3）执行阶段

声明阶段即"FC render，effect 相关 Hook 执行"的阶段，其工作流程如图 8-8 所示。

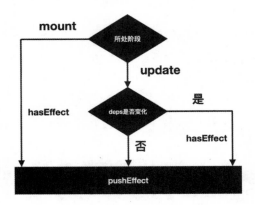

图 8-8 effect 声明阶段

mount 与 update 分别对应 mountEffectImpl 与 updateEffectImpl 方法。区别在于——update 时会比较"deps 是否变化"，逻辑如下：

```
if (areHookInputsEqual(nextDeps, prevDeps)) {
  hook.memoizedState = pushEffect(hookFlags, create, destroy, nextDeps);
```

```
    return;
}
```

areHookInputsEqual 方法采用"浅比较"的方式遍历并判断"deps 是否变化":

```
function areHookInputsEqual(nextDeps, prevDeps) {
  // 省略代码
  for (let i = 0; i < prevDeps.length && i < nextDeps.length; i++) {
    // 使用 Object.is 比较
    if (objectIs(nextDeps[i], prevDeps[i])) {
      continue;
    }
    return false;
  }
  return true;
}
```

从图 8-8 可以发现，无论 deps 在 mount 和 update 流程中是否变化，最终都会执行 pushEffect 方法，该方法的目的是"创建 effect 并形成单向环状链表":

```
function pushEffect(tag, create, destroy, deps) {
  // 创建 effect
  const effect = {
    tag,
    create,
    destroy,
    deps,
    next: null
  };
  let componentUpdateQueue = currentlyRenderingFiber.updateQueue;
  // 创建单向环状链表
  if (componentUpdateQueue === null) {
    componentUpdateQueue = createFunctionComponentUpdateQueue();
    currentlyRenderingFiber.updateQueue = componentUpdateQueue;
    componentUpdateQueue.lastEffect = effect.next = effect;
  } else {
    const lastEffect = componentUpdateQueue.lastEffect;
    if (lastEffect === null) {
```

```
      componentUpdateQueue.lastEffect = effect.next = effect;
    } else {
      const firstEffect = lastEffect.next;
      lastEffect.next = effect;
      effect.next = firstEffect;
      componentUpdateQueue.lastEffect = effect;
    }
  }
  return effect;
}
```

即使 update 时 effect deps 没有变化,也会创建对应 effect,以此保证 effect 链表中 effect 数量、顺序的稳定。区分"effect create 回调是否应该执行"需要依靠 HasEffect tag:

```
// update 时 deps 没有变化的情况
hook.memoizedState = pushEffect(hookFlags, create, destroy, nextDeps);
// update 时 deps 变化的情况
hook.memoizedState = pushEffect(HasEffect | hookFlags, create, destroy, nextDeps);
```

这个 tag 会在执行阶段遍历 effect 链表时使用。

8.5.3 调度阶段

由于 useEffect 的回调函数会在 commit 阶段完成后异步执行,因此需要经历调度阶段。在 commit 阶段三个子阶段开始之前,会执行如下代码调度 useEffect:

```
if (
  (finishedWork.subtreeFlags & PassiveMask) !== NoFlags ||
  (finishedWork.flags & PassiveMask) !== NoFlags
) {
  if (!rootDoesHavePassiveEffects) {
    rootDoesHavePassiveEffects = true;
    pendingPassiveEffectsRemainingLanes = remainingLanes;
    // scheduleCallback 来自于 Scheduler,用于以某一优先级调度回调函数
    scheduleCallback(NormalSchedulerPriority, () => {
```

```
    // 执行effect回调函数的具体方法
    flushPassiveEffects();
    return null;
  });
}
```

其中 PassiveMask Tag 包含 "useEffect 对应 tag（Passive）"：

```
const PassiveMask = Passive | ChildDeletion;
```

commit 阶段在结尾处会根据调度阶段赋值的 rootDoesHavePassiveEffects 变量赋值 rootWithPendingPassiveEffects 变量：

```
const rootDidHavePassiveEffects = rootDoesHavePassiveEffects;
if (rootDoesHavePassiveEffects) {
  rootDoesHavePassiveEffects = false;
  rootWithPendingPassiveEffects = root;
  pendingPassiveEffectsLanes = lanes;
} else {
  // 省略代码
}
```

当调度结束后，scheduleCallback 方法会执行回调函数内部的 flushPassiveEffects 方法，进入 useEffect 的执行阶段：

```
function flushPassiveEffects() {
  if (rootWithPendingPassiveEffects !== null) {
    // 省略具体执行流程
  }
  return false;
}
```

由于调度阶段的存在，为了保证下一次 commit 阶段执行前 "本次 commit 阶段调度的 useEffect" 均已执行，commit 阶段会在入口处执行 flushPassiveEffects 方法，以保证本次 commit 阶段执行时，不存在 "还在调度中，未执行的 useEffect"：

```
function commitRootImpl(root, renderPriorityLevel) {
  do {
    flushPassiveEffects();
```

```
  } while (rootWithPendingPassiveEffects !== null);
  // 省略代码
}
```

flushPassiveEffects 方法之所以包裹在 do...while 循环中，是因为该方法中会执行 flushSyncCallbacks 方法，遍历并执行所有"被调度的同步更新"。在更新执行过程中，"useEffect 的声明阶段"可能又会标记 HasEffect tag，所以需要循环执行 flushPassiveEffects 方法直到所有遗留的 useEffect 回调都执行完毕。

8.5.4 执行阶段

在这三个"effect 相关 Hooks"的执行阶段，commitHookEffectListUnmount 方法（用于"遍历 effect 链表依次执行 effect.destroy 方法"）与 commitHookEffectListMount 方法（用于"遍历 effect 链表依次执行 effect.create 方法"）会依次执行：

```
function commitHookEffectListUnmount(
  flags,
  finishedWork,
  nearestMountedAncestor,
) {
  const updateQueue = finishedWork.updateQueue;
  const lastEffect = updateQueue !== null ? updateQueue.lastEffect : null;
  if (lastEffect !== null) {
    const firstEffect = lastEffect.next;
    let effect = firstEffect;

    // 遍历 effect 链表
    do {
      if ((effect.tag & flags) === flags) {
        // 省略具体执行过程
        effect = effect.next;
      } while (effect !== firstEffect);
    }
}
```

注意执行过程中对 **tag** 的判断，根据判断结果区分"effect 的类型"以及"是否需要执行 effect 回调函数"：

```
if ((effect.tag & flags) === flags) {
  // 省略代码
}
```

commitHookEffectListMount 方法的执行过程如下，"在声明阶段创建，但是没有标记 HasEffect tag 的 effect 回调"不会执行：

```
// 类型为 useInsertionEffect 且存在 HasEffect tag 的 effect 会执行回调
commitHookEffectListMount(Insertion | HasEffect, fiber);
// 类型为 useEffect 且存在 HasEffect tag 的 effect 会执行回调
commitHookEffectListMount(Passive | HasEffect, fiber);
// 类型为 useLayoutEffect 且存在 HasEffect tag 的 effect 会执行回调
commitHookEffectListMount(Layout | HasEffect, fiber);
```

由于 commitHookEffectListUnmount 方法会先于 commitHookEffectListMount 方法执行，因此所有 effect.destroy 执行后才会执行任意 effect.create。

8.6 useMemo 与 useCallback

useMemo 用于"缓存一个值"，useCallback 用于"缓存一个函数"，它们的实现比较类似，且比较简单。这里针对 mount 时与 update 时分别进行讨论。

8.6.1 mount 时执行流程

从以下代码可以发现，useMemo 与 useCallback 在 mount 时的唯一区别是：useMemo 会执行"传入的函数"并返回"需要缓存的值"，而 useCallback 会将"传入的函数"直接作为"需要缓存的函数"：

```
function mountMemo(nextCreate, deps) {
  const hook = mountWorkInProgressHook();
  const nextDeps = deps === undefined ? null : deps;
```

```
  // 执行 create，返回"需要缓存的值"
  const nextValue = nextCreate();
  hook.memoizedState = [nextValue, nextDeps];
  return nextValue;
}

function mountCallback(callback, deps) {
  const hook = mountWorkInProgressHook();
  const nextDeps = deps === undefined ? null : deps;
  hook.memoizedState = [callback, nextDeps];
  return callback;
}
```

8.6.2 update 时执行流程

相较于 mount 时，update 时增加了"比较 deps 是否变化"的逻辑。如果变化，则重新缓存新值；如果没有变化，则返回缓存的值：

```
function updateMemo(nextCreate, deps) {
  const hook = updateWorkInProgressHook();
  const nextDeps = deps === undefined ? null : deps;
  const prevState = hook.memoizedState;
  if (prevState !== null) {
    if (nextDeps !== null) {
      const prevDeps = prevState[1];
      // 判断 deps 是否变化
      if (areHookInputsEqual(nextDeps, prevDeps)) {
        // 没有变化，返回缓存的值
        return prevState[0];
      }
    }
  }
  // deps 变化，重新计算
  const nextValue = nextCreate();
```

```
  hook.memoizedState = [nextValue, nextDeps];
  return nextValue;
}

function updateCallback(callback, deps) {
  const hook = updateWorkInProgressHook();
  const nextDeps = deps === undefined ? null : deps;
  const prevState = hook.memoizedState;
  if (prevState !== null) {
    if (nextDeps !== null) {
      const prevDeps = prevState[1];
      // 判断 deps 是否变化
      if (areHookInputsEqual(nextDeps, prevDeps)) {
        // 没有变化，返回缓存的值
        return prevState[0];
      }
    }
  }
  // deps 变化，重新缓存函数
  hook.memoizedState = [callback, nextDeps];
  return callback;
}
```

8.6.3　useMemo 的妙用

利用 useMemo 缓存变量的特性，可以实现与"命中 bailout 策略"类似的效果。示例 8-3 如下。

示例 8-3：
```
function Child() {
  console.log("child render");
  return <p>child</p>;
}
```

```
function App() {
  const [num, updateNum] = useState(0);

  const onClick = () => {
    updateNum(num + 1);
  };

  return (
    <div onClick={onClick}>
      <Child />
    </div>
  );
}
```

其中 App 为挂载的组件。当不断点击视图中的 DIV，"child render" 会不断打印。究其原因在于——App 没有命中 bailout 策略，导致 Child 组件进入 reconcile 流程。

使用 useMemo 缓存 Child 组件，修改后的代码片段如下：

```
// 省略其余未修改的代码
const child = useMemo(() => <Child />, []);

return (
  <div onClick={onClick}>
    {child}
  </div>
);
```

经过上述修改，在 Child 的 beginWork 中，由于 oldProps === newProps（前后 props 都是 useMemo 的返回值），且其满足其他 bailout 所需条件，因此 Child 组件命中 bailout 策略，不再打印"child render"。当考虑组件性能优化时，读者可以使用这个技巧。

8.7　useRef

ref 是 reference（引用）的缩写。在 React 中，开发者早期习惯用 ref 保存"对 DOM

元素的引用"。事实上，任何"需要被引用的数据"都可以保存在 ref 中，useRef 的出现将这种思想进一步发扬光大。在 React 发展过程中，出现过三种"ref 相关数据结构"：

（1）String 类型

（2）函数类型

（3）{current: T}

由于"String 类型的 ref"已不推荐使用，因此本节关注的是后两种类型。

8.7.1 实现原理

与其他 Hook 类似，useRef 在 mount 时与 update 时对应两个不同的 dispatcher，其实现很简单，使用的是{current: T}这一数据结构：

```
function mountRef(initialValue) {
  const hook = mountWorkInProgressHook();
  // ref 的数据结构
  const ref = {current: initialValue};
  hook.memoizedState = ref;
  return ref;
}

function updateRef(initialValue) {
  const hook = updateWorkInProgressHook();
  // 返回保存的 ref
  return hook.memoizedState;
}
```

除 useRef 外，React.createRef 方法也会创建同样数据结构的 ref：

```
function createRef() {
  const refObject = {
    current: null,
  };
  return refObject;
}
```

8.7.2 ref 的工作流程

在 React 中，有多个组件类型可以赋值 ref props，比如 HostComponent、ClassComponent、ForwardRef，使用方式如下：

```
// HostComponent
<div ref={domRef}></div>
// ClassComponent、ForwardRef
<App ref={cpnRef} />
```

ref 的工作流程分为两个阶段，如图 8-9 所示。

（1）render 阶段：标记 **Ref flag**。

（2）commit 阶段：根据 Ref flag，执行 ref 相关操作。

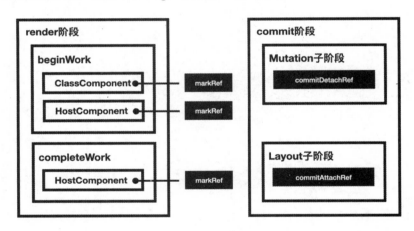

图 8-9　ref 工作流程

markRef 方法用于"标记 Ref flag"，代码如下：

```
function markRef(current, workInProgress) {
  const ref = workInProgress.ref;
  if (
    (current === null && ref !== null) ||
    (current !== null && current.ref !== ref)
  ) {
    // 标记 Ref tag
```

```
  workInProgress.flags |= Ref;
 }
}
```

从上面的代码可知,两种情况下会标记 Ref flag:

(1) mount 时(current === null),且 ref props 存在。

(2) update 时,且 ref props 变化。

对于"标记了 Ref flag 的 fiberNode",在 commit 阶段的 Mutation 子阶段,首先会"移除旧的 ref":

```
function commitMutationEffectsOnFiber(finishedWork, root) {
  // 省略代码
  if (flags & Ref) {
    const current = finishedWork.alternate;
    if (current !== null) {
      // 移除旧的 ref
      commitDetachRef(current);
    }
  }
  // 省略代码
}
```

其中 commitDetachRef 方法执行具体的移除操作:

```
function commitDetachRef(current) {
  const currentRef = current.ref;
  if (currentRef !== null) {
    if (typeof currentRef === 'function') {
      // 函数类型 ref,执行并传入 null 作为参数
      currentRef(null);
    } else {
      // {current: T}类型 ref,重置 current 指向
      currentRef.current = null;
    }
  }
}
```

接下来进入 Layout 子阶段，重新赋值 ref：

```
function commitLayoutEffectOnFiber(finishedRoot, current, finishedWork,
committedLanes) {
  // 省略代码
  if (finishedWork.flags & Ref) {
    commitAttachRef(finishedWork);
  }
}
```

其中 commitAttachRef 方法执行具体的赋值操作：

```
function commitAttachRef(finishedWork) {
  const ref = finishedWork.ref;
  if (ref !== null) {
    const instance = finishedWork.stateNode;
    let instanceToUse;
    switch (finishedWork.tag) {
      case HostComponent:
        // HostComponent 需要获取对应 DOM 元素
        instanceToUse = getPublicInstance(instance);
        break;
      default:
        // ClassComponent 使用 fiberNode.stateNode 保存实例
        instanceToUse = instance;
    }

    if (typeof ref === 'function') {
      // 函数类型，执行函数并将实例传入
      let retVal;
      retVal = ref(instanceToUse);
    } else {
      // {current: T}类型更新 current 指向
      ref.current = instanceToUse;
    }
  }
}
```

至此，ref 的工作流程已完成。

ref 的实现原理与工作流程并不复杂，却是一个非常有趣的特性。通过 ref 的设计思路，我们可以找到一个问题的答案——如果一个特性存在失控风险，如何将风险控制为最小。

8.7.3　ref 的失控

当使用 ref 保存"对 DOM 元素的引用"时，可能会造成 ref 失控。什么是"ref 失控"？考虑如下代码，用 inputRef 保存"对 INPUT 元素的引用"，并在 useEffect 回调中执行三个操作：

```
function App() {
  const inputRef = useRef(null);

  useEffect(() => {
    // 操作1
    inputRef.current.focus();

    // 操作2
    inputRef.current.getBoundingClientRect();

    // 操作3
    inputRef.current.style.width = '500px';
  }, []);

  return <input ref={inputRef} />;
}
```

请读者思考一个问题：在这三个操作中，哪个是不推荐使用的？答案是：操作 3。作为视图层框架，React 代替开发者接管了大部分视图操作，使开发者可以专注于业务逻辑开发。上述三个操作中，前两个操作（聚焦 DOM、获取 DOM 尺寸）并没有被 React 接管，所以当产生"INPUT 元素聚焦"或"获取到 INPUT 元素尺寸"这样的结果后，可以确定这是"开发者直接操作 DOM 的结果"。但是当产生"INPUT 元素宽度变为 500px"的结果时，并不能确定这是"开发者直接操作 DOM 的结果"还是"React 接管视图操作的结果",所以当开发者通过 ref 操作 DOM 进行"本该由 React 进行的 DOM 操作"时,ref 会失控。

参考示例 8-4,点击第一个 BUTTON 元素,React 通过接管视图操作控制 P 元素的显隐。点击第二个 BUTTON 元素,会直接操作 DOM 移除 P 元素。先点击任意 BUTTON 再点击另一个 BUTTON 都会报错,这就是"ref 失控"造成的。

示例 8-4:

```
function App() {
  const [isShow, setShow] = useState(true);
  const ref = useRef(null);

  return (
    <div>
      <button onClick={() => setShow(!isShow)}>React 操作 DOM</button>
      <button onClick={() => ref.current.remove()}>开发者移除 DOM</button>
      {isShow && <p ref={ref}>Hello world</p>}
    </div>
  );
}
```

正常情况下,如果当前渲染的视图不符合预期,开发者只需要在"视图对应组件的逻辑与 UI"中寻找原因。但是当 ref 失控时,除正常情况下可能的原因外,还要排查"是不是开发者直接操作 DOM 导致的"以及"是不是开发者直接操作 DOM 与 React 操作 DOM 之间的冲突导致的"等因素,使问题的排查变得更加困难。所以,开发者在编码时要尽量避免 ref 失控。

8.7.4 ref 失控的防治

"ref 失控"是由于"开发者通过 ref 操作 DOM 进行'本该由 React 进行的 DOM 操作'"造成的。但是,React 并不能阻止开发者直接操作 DOM,也无法接管所有 DOM 操作,使开发者完全没有"直接操作 DOM"的需求。如何在这种情况下减少 ref 的失控?措施体现在两个方面:

- 防:控制"ref 失控"影响的范围,使"ref 失控造成的影响"更容易被定位。
- 治:从 ref 引用的数据结构入手,尽力避免"可能引起失控的操作"。

首先来看"防"。在 React 中,组件可以分为:
- 高阶组件
- 低阶组件

低阶组件指"基于 DOM 封装的组件",比如下面的组件,直接基于 INPUT 元素封装:

```
function MyInput(props) {
  return <input {...props} />;
}
```

高阶组件指"基于低阶组件封装的组件",比如下面的 MyForm 组件是基于 MyInput 组件封装的:

```
function MyForm() {
  return (
    <>
      <MyInput/>
    </>
  )
}
```

高阶组件无法直接将 ref 指向 DOM,这一限制将 ref 失控的范围控制在单个组件内,不会出现"跨越组件的 ref 失控"。在示例 8-5 中,预期目标是——在 MyForm 组件中点击 BUTTON 元素,操作 MyInput 组件内的 INPUT 元素聚焦。

示例 8-5:
```
function MyInput(props) {
  return <input {...props} />;
}

function MyForm() {
  const inputRef = useRef(null);

  function onClick() {
    inputRef.current.focus();
```

```
  }

  return (
    <>
      <MyInput ref={inputRef} />
      <button onClick={onClick}>聚焦 input</button>
    </>
  );
}
```

点击 BUTTON 元素后，程序会报错。这是因为在 MyForm 组件中向 MyInput 传递 ref 失败，inputRef.current 并没有指向 INPUT 元素。原因是上文提到的"为了将 ref 失控的范围控制在单个组件内，React 默认情况下不支持跨组件传递 ref"。

如果一定要取消这一限制，可以使用 forWardRef API（forWard 在此处意为"传递"）显式传递 ref：

```
const MyInput = forwardRef((props, ref) => {
  return <input {...props} ref={ref} />;
});
```

在实践中，一些开发者认为 forwardRef API 是多余的，完全可以将 ref 改名为 xxxRef（其中 xxx 为自定义名称）规避"默认情况下不支持跨组件传递 ref"的限制。但是从"ref 失控"的角度看，forwardRef 就像一份免责告知书——既然开发者手动调用 forwardRef 破除"防止 ref 失控的限制"，就应该独立承担相应的风险。同时，由于 forwardRef 的存在，发生"ref 失控相关的错误"后更容易定位错误。

了解"防"后，接下来看"治"。useImperativeHandle 作为一个原生 Hook，使用方式如下，它可以在使用 ref 时向父组件传递自定义的引用值：

```
useImperativeHandle(ref, createHandle, [deps])
```

比如在下述代码中，FancyInput 的父组件接收的 ref 中只包含 focus 方法：

```
function FancyInput(props, ref) {
  const inputRef = useRef();
  useImperativeHandle(ref, () => ({
    focus: () => {
      inputRef.current.focus();
```

```
  }
  }));
  return <input ref={inputRef} ... />;
}
FancyInput = forwardRef(FancyInput);
```

经过 useImperativeHandle 处理过的 ref，可以人为移除"可能造成 ref 失控的属性或方法"。使用 useImperativeHandle 修改 MyInput 组件：

```
const MyInput = forwardRef((props, ref) => {
  const realInputRef = useRef(null);
  useImperativeHandle(ref, () => ({
    focus() {
      realInputRef.current.focus();
    },
  }));
  return <input {...props} ref={realInputRef} />;
});
```

现在，MyForm 组件通过 inputRef.current 只能获取到如下数据结构，杜绝开发者通过 ref 获取到 DOM 后执行不当操作，出现 ref 失控的情况：

```
{
  focus() {
    realInputRef.current.focus();
  }
}
```

8.8　useTransition

本章已经介绍过的 Hooks 可以认为是"核心内置 Hooks"，接下来要介绍的 Hooks 都是基于"核心内置 Hooks"与"源码内部的各种机制"实现的内置 Hooks。比如本节介绍的 useTransition，就是基于 useState 与"Lane 优先级机制"实现的内置 Hooks。作为"面向开发者"的并发特性，useTransition 用于"以较低优先级调度一个更新"。示例 8-6 如下，触发点击事件后，事件回调函数内部会触发两次 updateNum 方法，其中第二次触发被包裹在 startTransition 方法中,所以优先级更低。

示例 8-6:
```
function App() {
  const [num, updateNum] = useState(0);
  const [isPending, startTransition] = useTransition();

  return (
    <div
      style={{ color: isPending ? "red" : "black" }}
      onClick={() => {
        updateNum(222222);
        startTransition(() => updateNum(4444));
      }}
    >
      {num}
    </div>
  );
}
```

当快速、多次点击 DIV 后,视图中会闪现红色的"222222"并最终显示黑色的"4444"。接下来我们会通过这个示例讲解 useTransition 的实现原理。

8.8.1　useTransition 实现原理

useTransition 的实现很简单,由 useState 与 startTransition 方法组合构成。其内部维护了一个状态 isPending:

```
// mount 时
function mountTransition() {
  const [isPending, setPending] = mountState(false);
  const start = startTransition.bind(null, setPending);
  const hook = mountWorkInProgressHook();
  hook.memoizedState = start;
```

```
  return [isPending, start];
}

// update 时
function updateTransition() {
  const [isPending] = updateState(false);
  const hook = updateWorkInProgressHook();
  const start = hook.memoizedState;
  return [isPending, start];
}
```

startTransition 方法的原理与 batchedUpdates 方法类似，只是将操作对象从 BatchedContext 变为 ReactCurrentBatchConfig.transition，具体实现如下：

```
function startTransition(setPending, callback) {
  // 保存之前的更新优先级
  const previousPriority = getCurrentUpdatePriority();
  // 设置当前更新优先级
  setCurrentUpdatePriority(
    higherEventPriority(previousPriority, ContinuousEventPriority),
  );
  // 触发 isPending 状态更新，更新为 true
  setPending(true);
  // 保存之前的 transition 上下文
  const prevTransition = ReactCurrentBatchConfig.transition;
  // 设置当前的 transition 上下文
  ReactCurrentBatchConfig.transition = 1;
  try {
    // 触发 isPending 状态更新，更新为 false
    setPending(false);
    // 执行回调函数
    callback();
  } finally {
    // 重置更新优先级和 transition 上下文
    setCurrentUpdatePriority(previousPriority);
    ReactCurrentBatchConfig.transition = prevTransition;
```

```
    }
}
```

其中 ReactCurrentBatchConfig.transition 用于标记"本次批处理是否属于 transition 上下文",数据结构如下:

```
const ReactCurrentBatchConfig = {
  // 0 代表"不属于 transition 上下文",非 0 代表"属于 transition 上下文"
  transition: 0,
};
```

8.8.2 useTransition 工作流程

结合示例 8-6,useTransition 的完整工作流程如图 8-10 所示,触发点击事件后会触发四次更新:

(1) updateNum(222222222222)

(2) setPending(true)

(3) setPending(false)

(4) updateNum(4444)

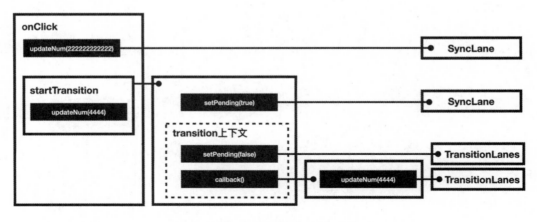

图 8-10 useTransition 工作流程

其中,前两次优先级为 SyncLane,后两次为 TransitionLanes。前两次更新属于一批,后两次更新属于一批，且前者的优先级高于后者。这也是"被 startTransition 包裹的回调函数中触发的更新优先级较低"的原因。5.4.1 节曾提到更新的"lane 优先级信息"与 transition 相关。对应代码如下：

```
function requestUpdateLane(fiber) {
  // 省略代码
  // NoTransition === 0
  const isTransition = requestCurrentTransition() !== NoTransition;
  if (isTransition) {
    // 本次更新处于 transition 上下文
    if (currentEventTransitionLane === NoLane) {
      currentEventTransitionLane = claimNextTransitionLane();
    }
    // 返回 transition 相关 lane
    return currentEventTransitionLane;
  }
  // 省略代码
}
```

其中 requestCurrentTransition 方法实现如下：

```
function requestCurrentTransition() {
  return ReactCurrentBatchConfig.transition;
}
```

由于 startTransition 方法中会设置"当前的 transition 上下文"，当处于"transition 上下文"时，requestUpdateLane 方法会返回"transition 相关 lane"：

```
function startTransition(setPending, callback) {
  // 省略代码
  // 保存之前的 transition
  const prevTransition = ReactCurrentBatchConfig.transition;
  // 设置当前的 transition
  ReactCurrentBatchConfig.transition = 1;
  // 省略代码
}
```

结合"lane 的定义"可以发现，"transition 相关 lane"的优先级略低于"默认优先

级"(即 **DefaultLane**):

```
const SyncLane =                          0b0000000000000000000000000000001;
const InputContinuousHydrationLane =      0b0000000000000000000000000000010;
const InputContinuousLane =               0b0000000000000000000000000000100;
const DefaultHydrationLane =              0b0000000000000000000000000001000;
const DefaultLane =                       0b0000000000000000000000000010000;
const TransitionLane1 =                   0b0000000000000000000000001000000;
const TransitionLane2 =                   0b0000000000000000000000010000000;
const TransitionLane3 =                   0b0000000000000000000000100000000;
const TransitionLane4 =                   0b0000000000000000000001000000000;
const TransitionLane5 =                   0b0000000000000000000010000000000;
const TransitionLane6 =                   0b0000000000000000000100000000000;
// 省略剩余 transition 相关 lane
```

8.8.3 entangle 机制

transition 是"过渡"的意思,Transition updates(过渡的更新)是与 Urgent updates (急迫的更新)相对的概念,其中:

(1) Urgent updates 指"需要立即得到响应,并且需要看到更新后效果"的更新,例如输入、点击等事件。

(2) Transition updates 指"不需要立即得到响应,只需要看到状态过渡前后的效果"的更新。

参考示例 8-7,存在两个状态:ctn 与 num。ctn 与输入框受控。当触发输入框 onChange 事件后,会改变 ctn 与 num 的状态。读者可以尝试改变"updateNum 方法是否包裹在 startTransiton 中"对比渲染区别。

示例 8-7:
```
function App() {
  const [ctn, updateCtn] = useState('');
  const [num, updateNum] = useState(0);
  const [isPending, startTransition] = useTransition();
```

```
  return (
    <div>
      <input value={ctn} onChange={({target: {value}}) => {
        updateCtn(value);
        // 包裹在 startTransition 中执行
        startTransition(() => updateNum(num + 1))
      }}/>
      <BusyChild num={num}/>
    </div>
  );
}

const BusyChild = React.memo(({num}: {num: number}) => {
  const cur = performance.now();
  // render 会很耗时
  while (performance.now() - cur < 300) {}
  return <div>{num}</div>;
})
```

当 updateNum 方法包裹在 startTransiton 中时，在输入框中输入文字会更流畅。同时，"视图中 num 的值"变化的频率也更低。可见，startTransiton 能够起到类似 debounce（防抖）的效果。这就是 transition（过渡）的意义——只关注起始状态与最终状态，忽略中间状态。num 不会跟随 ctn 的变化立刻发生变化，而是在连续输入一段时间后（或停止输入时）再发生变化。在源码中，这是通过 lane 模型的 entangle（纠缠）机制实现的。

8.8.4　entangle 实现原理

entangle 是指 lane 之间的一种关系——如果 laneA 与 laneB entangle，代表 laneA、laneB 不能单独进行调度，它们必须同处于一个 lanes 中才能进行调度。这意味着如果两个 lane 纠缠在一起，必须"同生共死"。除此之外，如果 laneC 与 laneA 纠缠，接下来 laneA 与 laneB 纠缠，那么 laneC 同样会与 laneB 纠缠。

对于示例 8-7，由于 transition 上下文的存在，"num 相关 update 对应的 lane"纠缠在一起，导致它们不能单独进行调度，需要解除纠缠后再统一调度。

与 entangle 相关的数据结构包括两个：

（1）root.entangledLanes，用于保存"发生纠缠的 lanes"。

（2）root.entanglements，长度为 31 位的数组，每个索引位置保存一个 lanes。用于保存"root.entangledLanes 中每个 lane 都与哪些 lanes 发生纠缠"。

数据结构如图 8-11 所示。

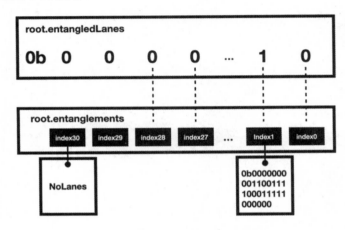

图 8-11 entangle 相关数据结构

"root.entangledLanes 的每个 lane"与"root.entanglements 的每个索引"一一对应。比如在图 8-11 中，"从低位向高位，第 1 位的 lane"（从第 0 位开始遍历）与 lane 对应索引位置（索引为 1）在 root.entanglements 中保存的 lanes（0b0000000001100111100011111000000）发生纠缠。

8.8.5 entangle 工作流程

entangle 的工作流程如图 8-12 所示，整体包含三个步骤：

（1）产生交互

（2）schedule 阶段

（3）commit 阶段

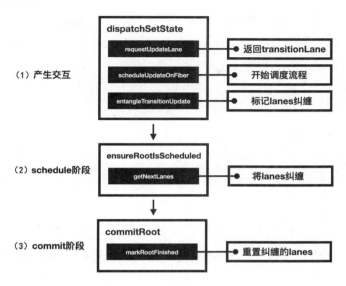

图 8-12　entangle 工作流程

首先，交互发生时，在对应方法（这里是 dispatchSetState 方法）中执行 requestUpdateLane 方法获取"更新对应的 lane 优先级信息"。通过本节的学习我们了解到，当处于 transition 上下文时，requestUpdateLane 方法会返回"transition 相关 lane"。具体来说，内部会执行 claimNextTransitionLane 方法从 TransitionLanes 中寻找"还未被使用的 lane"并返回：

```
function claimNextTransitionLane() {
  // 全局变量 nextTransitionLane 保存被使用的最后一个 TransitionLane
  const lane = nextTransitionLane;
  // 向左移一位，寻找下一个 TransitionLane
  nextTransitionLane <<= 1;
  if ((nextTransitionLane & TransitionLanes) === 0) {
    // 如果超出最大的 TransitionLane，则从第一个 TransitionLane 开始
    nextTransitionLane = TransitionLane1;
  }
  return lane;
}
```

TransitionLanes 共包含十六个可能的 lane：

```
const TransitionLanes = 0b0000000001111111111111111000000;
```

然后，entangle 会在 entangleTransitionUpdate 方法内部执行 markRootEntangled 方法，标记 lanes 纠缠。究竟哪些 lanes 会发生纠缠？举例说明，执行如下代码：

```
// 为了方便阅读，lanes 只展示有效位数
markRootEntangled(root, 0b1011);
```

"传入的 lanes"中每个 lane 之间会互相纠缠，即：

- 0b0001 会与 0b1011 纠缠
- 0b0010 会与 0b1011 纠缠
- 0b1000 会与 0b1011 纠缠

如果 root.entanglements 中"索引位置保存的 lanes"与"传入的 lanes"有相交，则它们将发生纠缠。假设 root.entangledLanes 与 root.entanglements 数据如下，其"标记 lanes 纠缠"过程如图 8-13 所示。

```
root.entangledLanes = 0b0110;
root.entanglements = [0, 0b0001, 0b0110, 0];
```

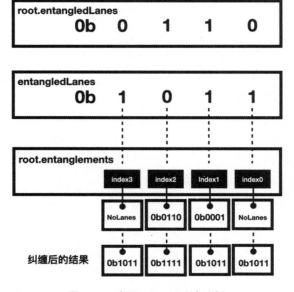

图 8-13　标记 lanes 纠缠过程

从低位向高位依次遍历 entangledLanes（即"传入的 0b1011"）：

（1）entangledLanes 第 0 位为 1，与"entangledLanes 中其他 lanes"纠缠，纠缠后的结果附加在"root.entanglements 中 index0 保存的 lanes"中：

```
root.entanglements[0] |= entangledLanes;
```

（2）entangledLanes 第 1 位为 1，与"entangledLanes 中其他 lanes"纠缠，纠缠后的结果附加在"root.entanglements 中 index1 保存的 lanes"中：

```
root.entanglements[1] |= entangledLanes;
```

（3）entangledLanes 第 2 位为 0，但 root.entangledLanes 中对应的位不是 0，且 entangledLanes 与"root.entanglements 中 index2 保存的 lanes"有交集，所以发生纠缠：

```
// (0b1011 & 0b0110) !== 0
entangledLanes & root.entanglements[2] !== NoLanes;
root.entanglements[2] |= entangledLanes;
```

（4）entangledLanes 第 3 位为 1，与"entangledLanes 中其他 lanes"纠缠，纠缠后的结果附加在"root.entanglements 中 index3 保存的 lanes"中：

```
root.entanglements[3] |= entangledLanes;
```

相关操作发生在 markRootEntangled 方法中，代码如下：

```
function markRootEntangled(root, entangledLanes) {
  const rootEntangledLanes = (root.entangledLanes |= entangledLanes);
  const entanglements = root.entanglements;
  let lanes = rootEntangledLanes;

  // 遍历 lanes
  while (lanes) {
    // 获取 lanes 中"最小一位值为 1 的 lane"对应的索引
    const index = pickArbitraryLaneIndex(lanes);
    // 获取索引对应的 lane
    const lane = 1 << index;
    // 上述两行代码结合 while 循环的意义是：遍历 lanes 中每个为 1 的位
    if (
      // 情况1：lane 与 entangledLanes 中其他 lanes 纠缠
      (lane & entangledLanes) |
```

```
    // 情况2: 与 root.entanglements 中对应 lanes 相交
    (entanglements[index] & entangledLanes)
  ) {
    // 标记 lanes 纠缠
    entanglements[index] |= entangledLanes;
  }
  lanes &= ~lane;
}
```

接下来，进入 schedule 阶段，通过 getNextLanes 方法计算出本次 render 阶段的批（lanes）。其中与 entangle 相关的逻辑包含三个步骤：

（1）本次更新选定的 lanes 中是否包含"产生纠缠的 lanes"；

（2）如果包含，则遍历"本次更新选定 lanes 中'产生纠缠的 lanes'"；

（3）与"root.entanglements 中对应 lanes"纠缠。

代码如下：

```
function getNextLanes(root, wipLanes) {
  // 省略代码
  const entangledLanes = root.entangledLanes;
  if (entangledLanes !== NoLanes) {
    const entanglements = root.entanglements;
    let lanes = nextLanes & entangledLanes;
    // 本次更新选定的 lanes（批）中是否包含"产生纠缠的 lanes"
    while (lanes > 0) {
      // 遍历"产生纠缠的 lanes"，依次获取索引
      const index = pickArbitraryLaneIndex(lanes);
      const lane = 1 << index;
      // 将本次更新选定的 lanes 与"索引位置保存的 lanes"纠缠
      nextLanes |= entanglements[index];
      lanes &= ~lane;
    }
  }
  return nextLanes;
}
```

对于示例 8-7，随着文字在输入框中被不断输入，两类更新会不断产生：

（1）"ctn 变化"对应更新，优先级为 SyncLane。

（2）"num 变化"对应更新，优先级为"TransitionLanes 中的某一个"。

前者优先级高于后者，随着文字在输入框中被不断输入会不断产生，并优先进行调度及后续流程。后者随着文字在输入框中被不断输入也会不断产生，并互相发生纠缠，但由于"优先级较低"一直无法执行。直到"被纠缠的某一个 lane"过期，其优先级提升，再连同其他"与它纠缠的 lanes"一起进行调度及后续流程。

最后，进入 commit 阶段，在 markRootFinished 方法中重置"纠缠的 lanes"：

```
function markRootFinished(root, remainingLanes) {
  // 省略代码
  let lanes = noLongerPendingLanes;
  while (lanes > 0) {
    const index = pickArbitraryLaneIndex(lanes);
    const lane = 1 << index;

    // 重置 entanglements[index]
    entanglements[index] = NoLanes;
    eventTimes[index] = NoTimestamp;
    expirationTimes[index] = NoTimestamp;

    lanes &= ~lane;
  }
}
```

这就是 entangle 的完整工作流程。8.9 节将介绍与这个机制相关的另一个 Hook。

8.9　useDeferredValue

useTransition 为开发者提供了"操作优先级"的功能。开发者可以自行决定"哪些状态更新是'低优先级更新'"。但有时开发者可能无法访问"触发状态更新的方法"（比如使用第三方库时），此时可以使用 useDeferredValue。

useDeferredValue 接收一个状态并返回"该状态的拷贝"。当原始状态变化后，拷贝状态会以较低的优先级更新，这意味着拷贝状态变化的频率会低于原始状态。useDeferredValue 的实现与 useTransition 类似，都是借助"transition 机制"：

```
// mount 时
function mountDeferredValue(value) {
  const [prevValue, setValue] = mountState(value);
  mountEffect(() => {
    const prevTransition = ReactCurrentBatchConfig.transition;
    ReactCurrentBatchConfig.transition = 1;
    try {
      // 在 useEffect 回调中以"transition 相关优先级"触发更新
      setValue(value);
    } finally {
      ReactCurrentBatchConfig.transition = prevTransition;
    }
  }, [value]);
  return prevValue;
}
// update 时
function updateDeferredValue(value) {
  const [prevValue, setValue] = updateState(value);
  updateEffect(() => {
    const prevTransition = ReactCurrentBatchConfig.transition;
    ReactCurrentBatchConfig.transition = 1;
    try {
      setValue(value);
    } finally {
      ReactCurrentBatchConfig.transition = prevTransition;
    }
  }, [value]);
  return prevValue;
}
```

从源码中可以发现，"拷贝状态的变化"之所以滞后于原始状态，原因在于：

（1）拷贝状态的"更新状态的方法"在 useEffect 回调中执行，时机比较滞后。

（2）拷贝状态的优先级是"transition 相关优先级"，优先级较低。

使用 useDeferredValue 改造示例 8-7，具体代码参考示例 8-8。

示例 8-8：

```
function App() {
  const [ctn, updateCtn] = useState('');
  const [num, updateNum] = useState(0);
  // 作为 num 的拷贝状态
  const deferredNum = useDeferredValue(num);

  return (
    <div >
      <input value={ctn} onChange={({target: {value}}) => {
        updateCtn(value);
        // 更新 num，而不是 deferredNum
        updateNum(num + 1);
      }}/>
      <BusyChild num={deferredNum}/>
    </div>
  );
}

const BusyChild = React.memo(({num}) => {
  const cur = performance.now();
  while (performance.now() - cur < 300) {}

  return <div>{num}</div>;
})
```

开发者可以使用 requestIdleCallback 方法模拟 useDeferredValue 的实现：

```
function useCustomDeferredValue(value) {
  const [prevValue, setValue] = useState(value);
  useEffect(()=>{
    requestIdleCallback(() => setValue(value));
```

```
}, [value])
return prevValue;
}
```

8.10 编程：实现 useErrorBoundary

"实现 useErrorBoundary"是本书最后一个编程项目，我们会结合前面所学，在 React 源码中实现 useErrorBoundary，使 FC 具有"捕获 React 运行流程内错误"的能力。要实现 useErrorBoundary，需要掌握的基础知识包括：

（1）错误捕获工作流程

（2）Hooks 的数据结构与执行流程

（3）dispatcher 的概念

（4）Suspense 工作流程

（5）effect 相关 Hook 的执行逻辑

（6）更新的优先级

useErrorBoundary 的使用方法如下，完整实现参考示例 8-9（由于代码片段分散在源码各处，因此仅提供在线示例）。

```
import React, {useState, useErrorBoundary} from 'react';
// 定义 ErrorBoundary
function ErrorBoundary({children}) {
  const [errorMsg, updateError] = useState(null);

  useErrorBoundary((e) => {
    // 捕获 React 流程内错误，并更新状态
    updateError(e);
  })

  return (
    <div>
      {errorMsg ? '报错: ' + errorMsg.toString(): children}
```

```
    </div>
  )
}
```

完整的 useErrorBoundary 工作流程如图 8-14 所示,需要修改 react、react-dom 两个包。

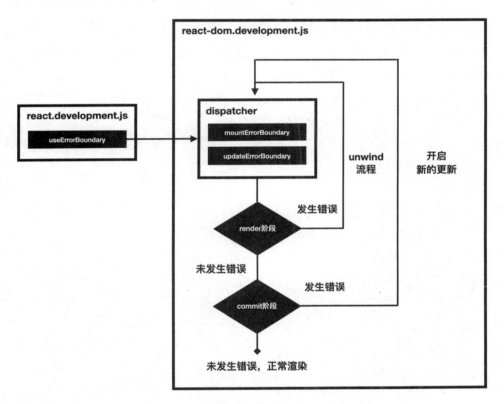

图 8-14 useErrorBoundary 工作流程

简单来说,工作流程包含两个"错误捕获流程":
- render 阶段发生错误,借由 unwind 流程,ErrorBoundary 组件重新 render,触发 useErrorBoundary 逻辑;
- commit 阶段发生错误,由于已经处于一轮更新的结尾,因此需要触发新的更新,待 ErrorBoundary 组件 render,触发 useErrorBoundary 逻辑。

接下来,我们来实现各个步骤。

8.10.1 定义 dispatcher

所有 Hooks 都在 react-dom 中定义，但是从 react 中引入，并且同一个 Hook 在不同上下文环境中对应不同的方法：

```
import React, {useState, useErrorBoundary} from 'react';
```

针对这种情况，首先需要实现 useErrorBoundary 对应 dispatcher。在 react.development.js 中增加如下代码并导出：

```
function useErrorBoundary(callback) {
  const dispatcher = resolveDispatcher();
  return dispatcher.useErrorBoundary(callback);
}

// 导出
exports.useErrorBoundary = useErrorBoundary;
```

然后，在 react-dom.development.js 中实现具体 dispatcher。这里只考虑"DEV 环境 mount 时"与"DEV 环境 update 时"两个上下文环境：

```
HooksDispatcherOnMountInDEV = {
   useErrorBoundary: function (callback) {
     currentHookNameInDev = 'useErrorBoundary';
     mountHookTypesDev();
     return mountErrorBoundary(callback);
   },
   // 省略其他 Hook 定义
}
HooksDispatcherOnUpdateInDEV = {
   useErrorBoundary: function (callback) {
     currentHookNameInDev = 'useErrorBoundary';
     updateHookTypesDev();
     return updateErrorBoundary(callback);
   },
   // 省略其他 Hook 定义
}
```

实际的运行逻辑定义在 mountErrorBoundary 方法与 updateErrorBoundary 方法中。

8.10.2 实现逻辑

ErrorBoundary 用于捕获 React 运行流程中的错误，包括：

（1）render 阶段发生的错误；

（2）commit 阶段发生的错误。

借鉴 ClassComponent 中 ErrorBoundary 的实现思路，捕获"这两个阶段发生的错误"后的处理方式如下。

- render 阶段：借用 unwind 流程，使"ErrorBoundary 对应 fiberNode"重新 beginWork。
- commit 阶段：触发新的更新。

确定大体思路后，下一个问题是：useErrorBoundary 的触发机制是什么？从使用方式看，useErrorBoundary 与"effect 相关 Hook"类似：

```
useErrorBoundary((e) => {
  // 捕获流程错误，执行对应逻辑
})

// 类似 effect 相关 Hook
useEffect(() => {
  // 省略代码
})
```

所以，我们可以新增一种"effect 类型"：

```
const NoFlags = 0b0000;
const HasEffect = 0b0001;
const Insertion = 0b0010;
const Layout = 0b0100;
const Passive = 0b1000;
// 新增 useErrorBoundary 对应 effect
const ErrorEffect = 0b10000;
```

作为 effect，是否执行取决于"是否存在 HasEffect tag"。对于 useErrorBoundary，"是否存在 HasEffect tag"取决于"是否捕获错误"，所以我们需要保存"捕获到的错误"。此外，其他"effect 相关 Hook"回调函数是没有参数的，而 useErrorBoundary 的回调函数中,"被捕获的错误"会作为传参,这也意味着我们需要提前保存"捕获到的错误"。最后一个问题是——处理"commit 阶段错误"时需要触发新的更新,这意味着 useErrorBoundary 中需要能够触发更新。所以,useErrorBoundary 的组成包括:

(1)一个 state,用于保存"捕获到的错误"与触发更新。

(2)一个 effect,用于执行回调函数。

updateErrorBoundary 方法的完整实现如下:

```
function updateErrorBoundary(callback) {
  // 获取对应 hook 数据
  const hook = updateWorkInProgressHook();
  // errorInstance 为 "捕获到的错误实例"
  const [errorInstance, update] = updateState();
  // 标记 wip 存在 effect
  currentlyRenderingFiber.flags |= Update;

  // 存在错误实例时标记 HasEffect tag
  const captureError = errorInstance ? HasEffect : NoFlags;
  // ErrorEffect 是我们为 useErrorBoundary 定义的 effect tag
  hook.memoizedState = pushEffect(ErrorEffect | captureError, () => {
    // 将错误实例作为传参传入回调函数并执行
    callback.call(null, errorInstance);
    // 执行完回调后触发更新,重置"捕获到的错误实例"
    update(null);
  }, null, null);
}
```

实现思路如下。

(1)在捕获到错误后,用错误实例构造 update,保存在"useErrorBoundary 中 state 对应 queue"中。

(2)ErrorBoundary render 时,updateErrorBoundary 方法中的 updateState 方法会根据 update 计算 state。如果 queue 中存在错误实例,计算出的 state 为错误实例(即 errorInstance 变量)。

(3)根据"errorInstance 变量是否存在"作为标记 HasEffect tag 的依据。

（4）如果标记了 HasEffect tag，在 commit 阶段会执行 effect 回调，开发者定义的回调函数会执行，错误实例会作为传参。

注意 pushEffect 方法的倒数第二个参数，代表"effect 的 deps"（即依赖项）。useErrorBoundary 不同于其他 effect，不需要"Array 类型的 deps"，所以为 null。

理论上说，mount 时的逻辑可以比照 update 时的逻辑，修改部分方法即可。即 mountErrorBoundary 方法只需在 updateErrorBoundary 方法基础上做如下修改：

- updateWorkInProgressHook 方法改为 mountWorkInProgressHook 方法。
- updateState 方法改为 mountState 方法。

但是，由于 FC 与 ClassComponent 实现细节上的差异，ClassComponent 中 ErrorBoundary 的实现思路并不适用于 FC 的 mount 阶段，我们需要另辟蹊径。具体来说，触发"ErrorBoundary 对应 effect 回调"的前提是"标记 HasEffect tag"，"标记 HasEffect tag"的前提是"存在 errorInstance"，errorInstance 存在的前提是"state 对应 queue 中存在构造好的 update"。但是，在 FC 对应的 beginWork 逻辑中，组件 render（发生在 renderWithHooks 方法中）前，会有如下属性的重置操作：

```
workInProgress.memoizedState = null;
workInProgress.updateQueue = null;
workInProgress.lanes = NoLanes;
```

对于 FC，"hook 对应信息"保存在 wip.memoizedState 中。在 mount 时，即使 state 对应 queue 中存在构造好的 update，在组件 render 前也会重置。此时执行 mountErrorBoundary 方法，内部执行 mountWorkInProgressHook 方法会生成全新的 hook 数据，"构造好的 update"早已不复存在。所以上述 useErrorBoundary 逻辑在 mount 时并不适用。但是为什么在 update 时适用呢？这是因为 update 时"获取 hook 对应数据"执行的是 updateWorkInProgressHook 方法。8.3.3 节曾提到，对于正常的 update 流程，updateWorkInProgressHook 方法会克隆 currentHook 作为 workInProgressHook 并返回。而 render 前的重置操作重置的是 wip.memoizedState。所以当"构造好的 update"保存在 currentHook 中，在 update 时不会因为 wip.memoizedState 的重置而消失。表现为：useErrorBoundary 可以捕获 update 时的流程错误，而不能捕获 mount 时的流程错误。

了解原因后，现在我们需要一个位置在 mount 时保存"捕获到的错误实例"。

fiberNode 显然是最好的选择，在 FiberNode 构造函数中增加 capturedErrorInstance 字段，用于保存"mount 时捕获到的错误实例"：

```
function FiberNode(tag, pendingProps, key, mode) {
  this.tag = tag;
  this.key = key;
  // 省略代码

  // 新增字段
  this.capturedErrorInstance = null;
}
```

mountErrorBoundary 方法实现如下，相较于 updateErrorBoundary 方法，errorInstance 的来源从"state 中计算而来"变为"wip.capturedErrorInstance 中获取"：

```
function mountErrorBoundary(callback) {
  const hook = mountWorkInProgressHook();
  mountState();
  const wip = currentlyRenderingFiber;
  wip.flags |= Update;
  const errorInstance = wip.capturedErrorInstance;
  const captureError = errorInstance ? HasEffect : NoFlags;

  hook.memoizedState = pushEffect(ErrorEffect | captureError, () => {
    callback.call(null, errorInstance);
    wip.capturedErrorInstance = null;
  }, null, null);
}
```

最后，当 effect 回调执行后，重置 wip.capturedErrorInstance。

8.10.3 提取公共方法

不管是 render 还是 commit 阶段的错误，都需要判断"FC 是否是 ErrorBoundary"，判断的依据很简单：如果 FC 的 hook 数据中存在"useErrorBoundary 对应 hook"，则该

FC 为 ErrorBoundary。我们提取出公共方法 findErrorBoundary——接收 fiberNode 与回调函数作为参数，如果定义了 useErrorBoundary，则触发回调，并将"state 对应 queue"作为参数传入：

```
function findErrorBoundary(workInProgress, callback) {
  // 第一个 hook
  let hook = workInProgress.memoizedState;

  while (hook) {
    // hook 保存的数据
    const hookMemoizedState = hook.memoizedState;
    if (hookMemoizedState && hookMemoizedState.tag & ErrorEffect) {
      const errorEffectUpdateQueue = hook.next.queue;
      if (errorEffectUpdateQueue) {
        callback(errorEffectUpdateQueue);
      } else {
        // state 的定义顺序不符合预期
        throw Error('useErrorBoundary 结构定义出错')
      }
    }
    hook = hook.next;
  }
}
```

定义 callback 参数的原因是"一个 FC 中可能定义多个 useErrorBoundary"，回调可能触发多次。如果定义了 useErrorBoundary，但不存在 errorEffectUpdateQueue，表示我们实现 mountErrorBoundary、updateErrorBoundary 方法时 state 的定义顺序不一致，此时会抛出错误。

8.10.4　render 阶段错误处理流程

对于"render 阶段错误"的处理流程，只需要模仿 ClassComponent 补齐对应 unwind 流程的逻辑即可。这里按照代码执行的顺序讲解。

流程中发生错误时被 React 捕获，执行 throwException 方法。在该方法中对标 ClassComponent 的处理方式，遵循如下逻辑：

（1）从当前 fiberNode 向上遍历，寻找最近一个"定义了 useErrorBoundary 的 FC"，作为 ErrorBoundary；

（2）保存错误实例；

（3）为"useErrorBoundary 对应 fiberNode"标记 ShouldCapture flag，作为 unwind 流程中向上遍历停止的标记。

完整代码如下：

```
do {
  switch (workInProgress.tag) {
    // 这三个类型的 fiberNode 都与 FC 相关
    case FunctionComponent:
    case ForwardRef:
    case SimpleMemoComponent:
    {
      if ((workInProgress.flags & DidCapture) === NoFlags) {
        let hasErrorBoundary = false;
        // 错误信息
        const errorInstance = value.value;

        // 寻找 useErrorBoundary
        findErrorBoundary(workInProgress, (queue) => {
          hasErrorBoundary = true;
          // 构造 update
          const update = {
            lane: SyncLane,
            action: errorInstance,
            hasEagerState: false,
            eagerState: null,
            next: null
          };
          if (isRenderPhaseUpdate(workInProgress)) {
```

```
          enqueueRenderPhaseUpdate(queue, update);
        } else {
          enqueueUpdate(workInProgress, queue, update);
        }
      })

      if (hasErrorBoundary) {
        workInProgress.flags |= ShouldCapture;
        // mount 时,错误实例保存在 fiberNode 中
        workInProgress.capturedErrorInstance = errorInstance;
        const eventTime = requestEventTime();
        const root = markUpdateLaneFromFiberToRoot(workInProgress, SyncLane);
        if (root !== null) {
          markRootUpdated(root, SyncLane, eventTime);
        }
        return;
      }
    }
    break;
  }
  case HostRoot:
  {
    // 省略代码
  }
  // 继续向上遍历
  workInProgress = workInProgress.return;
} while (workInProgress !== null);
```

由于 FunctionComponent、ForwardRef、SimpleMemoComponent 都与 FC 有关,所以这里判断三种类型:

```
case FunctionComponent:
case ForwardRef:
case SimpleMemoComponent:
```

判断条件中的 DidCapture flag 通常与 shouldCapture flag 在 unwind 流程中配套使

用。当组件发生"render 阶段错误"时，会从"发生错误的 fiberNode"向上遍历，寻找"最近的祖先 ErrorBoundary 对应 fiberNode"，并为其标记 shouldCapture flag。接下来从"发生错误的 fiberNode"开启 unwind 流程，向上遍历并重置沿途 fiberNode，直到遍历到"标记 shouldCapture flag 的 fiberNode"（即"最近的祖先 ErrorBoundary 对应 fiberNode"）。接下来将 shouldCapture flag 替换为 DidCapture flag，并从"最近的祖先 ErrorBoundary 对应 fiberNode"继续 beginWork 流程。所以当错误发生时，寻找"最近的祖先 ErrorBoundary 对应 fiberNode"时需要判断"是否包含 DidCapture flag"：

```
(workInProgress.flags & DidCapture) === NoFlags
```

如果找到 ErrorBoundary，则以错误实例构造 update。由于接下来会进入 unwind 流程，并最终从"最近的祖先 ErrorBoundary 对应 fiberNode"继续 beginWork 流程，所以不需要触发新的更新。构造 update 后，参照 dispatchSetState 方法实现除"执行 ensureRootIsScheduled 方法"（会调度更新）以外的一系列操作即可。

为了保存"mount 时的错误实例"，还需将错误实例保存在 wip.capturedErrorInstance 中：

```
workInProgress.capturedErrorInstance = errorInstance;
```

接下来进入 unwind 流程，向上遍历寻找"标记 shouldCapture flag 的 fiberNode"。同样的，该流程与 throwException 方法中原因类似，需要包含三种 FC 相关类型：

```
function unwindWork(workInProgress, renderLanes) {
  // 省略代码
  switch (workInProgress.tag) {
    case FunctionComponent:
    case ForwardRef:
    case SimpleMemoComponent:
      {
        const flags = workInProgress.flags;

        if (flags & ShouldCapture) {
          // 当前 FC 是 ErrorBoundary
          workInProgress.flags = flags & ~ShouldCapture | DidCapture;
          // 返回 wip
```

```
      return workInProgress;
    }
    // 当前 FC 不是 ErrorBoundary
    return null;
  }
  case ClassComponent:
  {
    // 省略代码
  }
}
```

当找到标记 ShouldCapture flag 的 fiberNode 后，移除 ShouldCapture flag 并替换为 DidCapture flag：

```
workInProgress.flags = flags & ~ShouldCapture | DidCapture;
```

当 unwind 流程返回 fiberNode 后，会从该 fiberNode 向下遍历，继续 beginWork 流程。通常在 ErrorBoundary 的回调中，开发者会触发更新显示"发生错误后的 UI"。所以当 ErrorBoundary "捕获错误"（我们知道"捕获错误"本身并不是 ErrorBoundary 实现的。只是从开发者的角度看，是 ErrorBoundary 捕获了错误）后，需要将 "ErrorBoundary 的子孙节点"全部卸载。这一步发生在"FC 对应 fiberNode 的 beginWork 流程"中：

```
// FC 对应 fiberNode 会执行 renderWithHooks 方法
function renderWithHooks(current, workInProgress, Component, props,
secondArg, nextRenderLanes) {
  // 省略代码

  // 修改前
  // let children = Component(props, secondArg);

  // 修改后
  const didCaptureError = (workInProgress.flags & DidCapture) !== NoFlags;
  let children = Component(props, secondArg);
  if (didCaptureError) {
```

```
    children = null;
  }
  // 省略代码
}
```

如果发现当前 fiberNode 是"捕获错误的 ErrorBoundary"（通过 DidCapture flag 判断），则将 children 赋值为 null。在接下来的 reconcile 流程中，"children 对应 fiberNode"会被标记 Deletion flag。"Component 方法的执行"即组件 render，这里之所以先执行 Component 方法再将返回值赋值为 null，是因为执行 Component 方法（组件 render）过程中，会执行 useErrorBoundary 的逻辑。

在 commit 阶段，首先要确定的问题是："useErrorBoundary 对应 effect"的执行时机。考虑到 useErrorBoundary 还需要捕获"commit 阶段发生的错误"，所以其执行时机应该晚于其他 commit 阶段 API。这里我们将其执行时机放在 useLayoutEffect 之后。在 mountErrorBoundary 与 updateErrorBoundary 中，我们为 wip 标记了 Update flag，对于 Layout 子阶段，这意味着"存在 useLayoutEffect 回调需要执行"：

```
currentlyRenderingFiber.flags |= Update;
```

useLayoutEffect 回调执行完后，继续执行 useErrorBoundary 回调：

```
function commitLayoutEffectOnFiber(finishedRoot, current, finishedWork,
committedLanes) {
  if ((finishedWork.flags & LayoutMask) !== NoFlags) {
    switch (finishedWork.tag) {
      case FunctionComponent:
      case ForwardRef:
      case SimpleMemoComponent:
        {
          // 省略代码
          if ( !offscreenSubtreeWasHidden) {
            // 执行 layoutEffect 的 create 回调
            commitHookEffectListMount(Layout | HasEffect, finishedWork);
          }
          // 执行 errorEffect 的 create 回调
          commitHookEffectListMount(ErrorEffect | HasEffect, finishedWork);
```

```
      break;
    }
    // 省略代码
  }
}
```

至此，useErrorBoundary 处理"render 阶段发生的错误"的完整流程已完成。完整步骤总结如下：

（1）beginWork 进行到"包含 useErrorBoundary 的 FC 对应 fiberNode"的某个子孙 fiberNode 时，发生"render 阶段错误"；

（2）捕获错误后，从"发生错误的组件对应 fiberNode"向上遍历，寻找最近的"包含 useErrorBoundary 的 FC 对应 fiberNode"，标记 ShouldCapture flag，并保存错误实例；

（3）开启 unwind 流程，从"发生错误的组件对应 fiberNode"向上遍历，直到"包含 useErrorBoundary 的 FC 对应 fiberNode"，将 ShouldCapture flag 替换为 DidCapture flag；

（4）从"发生错误的组件对应 fiberNode"继续 beginWork 流程，此时 useErrorBoundary 会被标记 HasEffect tag；

（5）进入 commit 阶段，在 Layout 子阶段执行 useErrorBoundary 回调。

8.10.5　commit 阶段错误处理流程

"render 阶段错误"与"commit 阶段错误"的区别在于：render 阶段本身处于更新流程中，可以借助 unwind 流程获得"为 useErrorBoundary 标记 HasEffect tag"的机会。而 commit 阶段已经接近更新流程的结尾，所以只能重新触发新的更新，这也是 useErrorBoundary 的实现中存在 state 的原因。

前面介绍过，commit 阶段捕获错误的逻辑发生在 captureCommitPhaseError 方法中，该方法中只存在 HostRoot 与 ClassComponent 的处理逻辑，这里我们加上"FC 相关 fiberNode"的处理逻辑——如果当前"FC 相关 fiberNode"是 ErrorBoundary，触发一次同步更新，代码如下：

```
function captureCommitPhaseError(sourceFiber, nearestMountedAncestor,
error) {
  // 省略代码

  while (fiber !== null) {
    if (fiber.tag === HostRoot) {
      // ...处理 HostRoot
    } else if (fiber.tag === ClassComponent) {
      // ...处理 ClassComponent
    } else if (
      fiber.tag === FunctionComponent ||
      fiber.tag === ForwardRef ||
      fiber.tag === SimpleMemoComponent
    ) {
      let hasErrorBoundary = false;
      // 寻找 useErrorBoundary
      findErrorBoundary(fiber, (queue) => {
        hasErrorBoundary = true;
        runWithPriority(DiscreteEventPriority, () => {
          // 以同步优先级触发更新，更新内容为错误实例
          dispatchSetState(fiber, queue, error);
        })
      })
      if (hasErrorBoundary) {
        return;
      }
    }
    fiber = fiber.return;
  }
}
```

当找到 ErrorBoundary 后，通过 Scheduler 中提供的 runWithPriority 方法，以 DiscreteEventPriority 优先级（对应 React 中的 SyncLane）执行回调，则"回调中触发的

更新"优先级为 SyncLane。相较于"render 阶段错误",commit 阶段需要触发新的更新,所以这里直接使用 dispatchSetState 方法。

当执行 dispatchSetState 方法触发更新后,由于"useErrorBoundary 对应 state"通过计算会返回错误实例,所以在接下来的 beginWork 中会被标记 HasEffect tag。这就是"commit 阶段错误处理"的完整流程。步骤如下:

(1) 捕获 commit 阶段错误,从发生错误的 fiberNode 向上遍历,寻找最近的"包含 useErrorBoundary 的 FC 对应 fiberNode";

(2) 对"useErrorBoundary 对应 state"触发同步更新;

(3) beginWork 流程进行到"包含 useErrorBoundary 的 FC 对应 fiberNode"时,由于"useErrorBoundary 对应 state"通过计算会返回错误实例,所以会被标记 HasEffect tag;

(4) 进入 commit 阶段,在 Layout 子阶段执行 useErrorBoundary 回调。

至此,useErrorBoundary 的简易实现已完成。该实现只实现了基础功能,未覆盖 React 中各种边界情况,比如:

- 是否会影响 context?
- 是否支持并发?

同时我们也发现,ClassComponent 中 setState API 的 callback 参数非常适合作为 ErrorBoundary 的实现载体,而 FC 要实现 ErrorBoundary 却比较曲折(尤其是 mount 时),可能这也是 FC 暂时没有原生 useErrorBoundary 的原因之一。经过这次尝试,相信读者对于 React 源码中各种机制的配合使用会有更清晰的认识。

8.11　总结

本章我们介绍了 FC 的理论知识、发展前景与多个 Hook 的实现细节,并实现了一个原生 Hook。hook 是 FC 中一种链表形式的数据结构,发挥作用还需要借助 React 中其他工作流程,比如更新流程、调度流程、Lane 优先级模型等。本节实现的 useErrorBoundary 借助了 React 内置的 unwind 流程。可见,上层实现始终会受到下层基础设施的影响。当基础设施无法支持上层实现时,重构就不可避免,比如:

（1）Stack Reconciler 无法支持"异步可中断"，被重构为 Fiber Reconciler；

（2）expirationTime 算法无法支持并发更新，被重构为 lane 模型。

本质上来说，前端框架就是不同技术点的排列组合，React 采用了"重运行时"的技术组合，那么上层实现必然是"重运行时"的。只要掌握了底层原理，即使上层实现不断更新，也能快速上手，这一规律适用于所有框架。